农民培训精品教材

化肥农药减施增效技术

◎ 陈 勇 胡芳辉 邵[illegible] 主编

中国农业科学技术出版社

图书在版编目（CIP）数据

化肥农药减施增效技术 / 陈勇，胡芳辉，邵玉丽主编 .—北京：中国农业科学技术出版社，2019. 8

ISBN 978-7-5116-4047-5

Ⅰ. ①化… Ⅱ. ①陈…②胡…③邵… Ⅲ. ①施肥②农药施用 Ⅳ. ①S147. 2②S48

中国版本图书馆 CIP 数据核字（2019）第 025579 号

责任编辑 白姗姗
责任校对 贾海霞

出 版 者 中国农业科学技术出版社
北京市中关村南大街 12 号 邮编：100081
电 话 （010）82106638（编辑室） （010）82109702（发行部）
（010）82109709（读者服务部）
传 真 （010）82106650
网 址 http://www.castp.cn
经 销 者 各地新华书店
印 刷 者 北京建宏印刷有限公司
开 本 850mm×1 168mm 1/32
印 张 6
字 数 150 千字
版 次 2019 年 8 月第 1 版 2020 年 8 月第 2 次印刷
定 价 39. 90 元

《化肥农药减施增效技术》

编委会

主　编： 陈　勇　胡芳辉　邵玉丽

副主编： 相殿国　童朝亮　刘天笑　张国际
董晓亮　葛元龙　刘会娟　严永红
李影宾　乔存金　李红梅　褚冰倩
孟庆伟　张　昆　宋祥刚　刘昭刚
徐立洋　王红格　赵晓静　刘战军
刘丽红　毛久银　王海燕　张春艳
张丽丽　左晓霞　魏　峰　鲁　荣
刘　云　王永芳　代晓娅　张建文
宋长庚　张怀凤　侯忠武　段彦超
许潇文　李　蕾　李　娜　石丽芬
赵丽红　林艳歌　焦　阳　林艳丽
孙　颖　王莹洁　刘指南　孙丽仙
姜万婷　史　婧　潘　婷　纪卫华
张晓龙　朱小晨　王　昊　赵　媛
王洪斌　陈云霞　李　琦　贺文超
赵胜超　朱春晖　吴　彬　卢军岭
陈建玲　郭彦东　李艳红　贾　伦

编　委： 孔凡伟　朱　红　李　为　唐广顺
梁　誉　郭世利　黄　敏　惠　瑾
王晓峰　马　骏

前　　言

我国人多地少，要确保粮食持续高产、生态环境安全多重目标的实现，必须根据我国国情，大力发展现代农业提质增效技术。我国化肥农药的过量施用导致了一系列问题，为此，国家农业部门高度重视化肥农药减施增效技术的研究与推广。

本书围绕农民培训，以满足农民朋友生产中的需求。书中语言通俗易懂，技术深入浅出，实用性强，适合广大农民、基层农技人员学习参考。

编　者

2019 年 2 月

目　录

第一章　化肥、农药概述

第一节　化肥、农药的概念

一、化　肥

用化学和（或）物理方法制成的含有一种或几种农作物生长需要的营养元素的肥料。也称无机肥料，包括氮肥、磷肥、钾肥、微肥、复合肥料等。

它们具有以下一些共同的特点：成分单纯，养分含量高；肥效快，肥劲猛；某些肥料有酸碱反应；一般不含有机质，无改土培肥的作用。化学肥料种类较多，性质和施用方法差异较大。

二、农　药

农药，是指农业上用于防治病虫害及调节植物生长的化学药剂。广泛用于农林牧业生产、环境和家庭卫生除害防疫、工业品防霉与防蛀等。农药品种很多，按用途主要可分为：杀虫剂、杀螨剂、杀鼠剂、杀线虫剂、杀软体动物剂、杀菌剂、除草剂、植物生长调节剂等；按原料来源可分为：矿物源农药（无机农药）、生物源农药（天然有机物、微生物、抗生素等）及化学合成农药；按化学结构分，主要有：有机氯、有机磷、有机氮、有机硫、氨基甲酸酯、拟除虫菊酯、酰胺类化合物、脲类化合物、醚类化合物、酚类化合物、苯氧羧酸类、脒类、三唑类、杂环类、苯甲酸类、有机金属化合物类等，它们都是有机合成农药；根据加工剂型可分为：粉剂、可湿性粉剂、乳剂、乳油、乳膏、糊剂、胶体剂、熏蒸剂、熏烟剂、烟雾剂、颗粒剂、微粒剂及油剂等。

第二节 化肥、农药的作用

一般农民喷洒农药，主要是用来预防或者消灭为害农作物的病虫及其他有害生物，通过应用农药来控制有害生物的代谢。有很多进行农业生产有经验的朋友都知道，农药对于农产品的产量有着很大的作用，它在一定程度上是提高农业产量的关键。

因为农药和化肥的使用，可以提高农作物的产量，可以减少农民农业资金的投入。使用农药的话可以方便快捷地减少病虫害对农作物的伤害，使用化肥的话，还可以提高农作物的产量，改善农作物的品质。因此我们应该正确地对待使用农药和化肥问题，但是在关于农药和化肥的使用上也应该更科学、合理。

在以前比较落后的时候，农民们种地是不用化肥和农药的，当时可能是买不起或者是农民对于农业知识不太了解，所以在以前，我国的农业发展缓慢，生产效率不高，农作物的产量也非常低，导致农民一年到头白忙活，投入了比较大的精力和时间，最后却只收获了一点点粮食。所以我国现代农业的飞速发展，与农药和化肥的应用有很大的关系。

如果化肥和农药进行了不恰当的使用，不仅会残害农作物，使农作物产量降低，还会污染土地，进而对环境造成污染。如果农药应用的剂量太大，容易使农作物成熟之后有农药残留，这样可能会影响食品安全，破坏生态系统，更严重的可能会为害人的性命。

第二章　化肥施用知识

第一节　化肥的基本概念

一、化肥的基本概念

凡是在农业生产中施入土壤，能够提高土壤肥力，或用以处理作物种子及茎叶，供给作物养分，能增加作物产量和改进作物品质的一切物质都叫作肥料。在工厂中用化学方法合成或简单处理矿产品而制成的肥料叫作化肥。它包括氮肥、磷肥、钾肥、复合肥、微肥和其他矿质化学肥料。

目前，我国工业生产的化肥都属于商品范围。此外，菌肥、腐殖酸类肥料的某些品种也有作为商品出售的，而堆肥、厩肥、绿肥、海杂肥均属于农家肥，都是农民群众自产自用，不属于商品范围。

化肥是以化肥商品质量为中心内容来研究化肥商品使用价值的一门学科。商品的质量是指商品在一定的使用条件下，适用于其用途所需要的各种特性的综合。也就是说，化肥商品有其用途、使用条件和使用方法，与此相关的属性，综合构成了这一商品的质量。

二、化肥商品的特点

当前世界，各种化肥商品品种繁多，规格各异，为了减少商品的流通时间和费用，从生产领域进入消费领域，充分发挥它的作用，就必须认识和掌握它的特点。化肥商品同农家肥料相比，具备以下特点。

（一）有效成分含量高

化学肥料和农家肥料不同，成分纯，有效成分含量高。化肥中的有效成分，是以其中所含的有效元素或这种元素氧化物的重量百分比来表示的，如氮肥是以所含氮元素的重量百分比来表示的；磷肥是以所含 P_2O_5 的重量百分比来表示。尿素含 N 量为 46%，1 千克尿素相当于人粪尿 70~80 千克。

（二）有酸碱反应

化肥有化学和生理酸碱反应之分。化学酸碱反应是指由肥料本身的化学性质引起的酸碱变化，如碳酸氢铵化学性质呈碱性反应，称为化学碱性肥料；过磷酸钙呈酸性反应，则称化学酸性肥料。生理酸碱反应是指施入土壤中的化肥经作物选择吸收后，剩余部分在土壤中导致的酸碱反应，如硫酸铵，NH_4^+ 被植物吸收利用后，残留的 SO_4^{2-} 导致生长介质酸度提高，这种肥料就称为生理酸性肥料。

（三）肥效发挥快

除少数矿物质化肥（如钙镁磷肥、磷矿粉等）难溶于水外，大多数化肥易溶于水，施到土壤里或进行根外追肥，能够很快被作物吸收利用，肥效快而显著。

（四）便于储运与施用

固体化肥一般为粉状或颗粒状，体积小而疏，便于运输、保管和机械化施肥，即使是液体化肥，只要安排合理的商品流向，选择合适的运输工具，采用较好的储存容器和施用器械，也是便于储运和施用的。相反，农家肥料，无一定形状、规格，一般使用量大，成分也较复杂，除含水分外，还含有秸秆、杂草、炕土、垃圾和各种废弃物，因而储运和施用都不方便。

（五）养分单一

化肥的养分不如有机肥料齐全。

（六）用途广泛

有些化肥不仅能够供给作物需要的营养元素，而且还有杀虫防病等其他功能，如氨水对蛴螬、蝼蛄等害虫有驱避和杀伤作用。

但化学肥料也有不及农家肥的地方。首先，单独施用某种化肥过多过久，会改变土壤合适的酸碱度，破坏土壤的团粒结构。农家肥不仅所含的养分齐全，而且还含有丰富的有机质，可以增加土壤中的腐殖质，使土壤疏松和团粒化，提高土壤吸水保肥能力。其次，大多数化肥的适用对象有选择，如氯化铵不适用于烟草、甘蔗、甜菜等忌氯作物。而农家肥料则适用于任何作物和土壤。再次，化肥（除复合肥料外）养分单一，多数肥效不持久。而农家肥料养分齐全，肥效长，所含的多种营养元素和其他物质，在土壤微生物的分解作用下，能够较长时间内供给作物需要的养分。

正因为化学肥料和农家肥料各有优点和缺点，如果互相配合施用，就能取长补短，相得益彰。因此，今后在大力发展化学肥料生产的同时，还必须积极利用农家肥料，并不断地改进堆制方法和施用技术。

三、化肥商品的分类

不同的分类方法，化肥的分类也不同，现将几种分类方法分别介绍如下。

（一）按肥料所含的营养元素分类

1. 氮肥

根据氮素存在的形态不同，可分为以下几种。

（1）铵态氮肥。氮素以铵离子（NH_4^+）形态存在，如碳酸氢铵、氯化铵等。

（2）硝态氮肥。氮素以硝酸根离子（NO_3^-）形态存在，如硝酸钠等。

（3）铵态—硝态氮肥。氮素以铵离子和硝酸根离子形态存在，如硝酸铵等。

（4）酰胺态氮肥。氮素以酰胺基形态存在，如尿素等。

（5）氰氨态氮肥。氮素以氰氨基（N≡C—N=）形态存在，如石灰氮等。

2. 磷肥

根据磷素在水中的溶解度不同，可分为：水溶性磷肥，如过磷酸钙等；枸溶性磷肥，如钙镁磷肥等；难溶性磷肥，如磷矿粉等。

根据生产方法的不同，可分为：酸法生产磷肥，如过磷酸钙等；热法生产磷肥，如脱氟磷肥、钙镁磷肥等；机械加工磷肥，如磷矿粉等。

3. 钾肥

目前常用的有氯化钾、硫酸钾、硝酸钾和窑灰钾肥等。

4. 复合肥料

按所含营养元素种类多少，可分为：二元复合肥，即含有两种营养元素的化肥，如磷酸钾、硝酸钾等；三元复合肥，即含有三种营养元素的化肥，如硝磷钾、铵磷钾等；多元复合肥，即含有三种以上营养元素的化肥。

按生产方式的不同，又可分为：合成复合肥，如硝酸磷肥等；混成复合肥，如氮钾混合肥，尿素—钾—磷混合肥等。

5. 微量元素肥料

一般常用的有硼肥、钼肥、铜肥和锌肥等。

（二）按肥料对作物生长起作用的方式分类

1. 直接肥料

直接肥料是指主要通过供应养分来促进作物生长发育的肥料。包括氮肥、磷肥、钾肥、复合肥和微量元素肥料等。

2. 间接肥料

间接肥料是指主要通过调节土壤酸碱度和改善土壤结构来促进作物生长发育的肥料。主要有石灰、石膏等。

（三）按肥料的化学性质分类

1. 酸性肥料

酸性肥料可分为化学酸性肥料和生理酸性肥料两类。化学酸性肥料，是指本身呈酸性反应的肥料，如过磷酸钙等；生理酸性肥料，是指作物通过选择性吸收一些离子之后，产生了酸，使土壤呈酸性反应的肥料，如氯化铵等。

2. 碱性肥料

碱性肥料可分为化学碱性肥料和生理碱性肥料两类。化学碱性肥料，是指本身呈碱性反应的肥料，如氨水等；生理碱性肥料，是指通过选择性吸收一些离子之后，能使土壤呈碱性反应的肥料，如硝酸钠等。

3. 中性肥料

中性肥料指既不是酸性，也不是碱性，施用后不会造成土壤发生酸性或碱性变化的肥料，如尿素等。

（四）按化肥的效力快慢分类

（1）速效肥料。如氮肥（石灰氮除外）、钾肥和磷肥中的过磷酸钙等。

（2）迟效肥料。如钙镁磷肥、磷矿粉等。

（五）其他分类

按肥料中有效成分含量的高低分为高效肥料和低效肥料。按化肥的物理状态的不同，分为固体化肥、液体化肥等。

四、化肥商品的质量标准

（一）化肥商品质量标准的概念

化肥商品质量标准，是对于化肥商品的质量和有关质量的各方面（品种、规格、检验方法等）所规定的衡量准则，是化肥研究的重要内容之一。

（二）化肥质量标准的基本内容

我国化肥商品质量标准通常是由下列几部分组成。

1. 说明质量标准所适用的对象

2. 规定商品的质量指标和各级商品的具体要求

化肥商品质量标准和对各类各级商品的具体要求，是商品标准的中心内容，是工业生产部门保证完成质量指标和商业部门做好商品采购、验收和供应工作的依据。掌握这些标准和要求，可以有效防止质量不合格的商品进入市场。化肥商品质量指标有以下几点具体内容。

（1）外形。品质好的化学肥料，如氮肥多为白色或浅色，松散、整齐的结晶或细粉末状，不结块，其颗粒大小因品种性质而异。

（2）有效成分含量。凡三要素含量（接近理论值）愈高，品质愈好。通常氮素化肥以含氮（N）量计算；氨水则以含（NH_3）计算；磷肥则以含五氧化二磷（P_2O_5）计算；钾肥以含氧化钾（K_2O）计算。均以百分数来表示。

（3）游离酸。游离酸含量越少越好，应尽可能减少到最低限度。

（4）水分。化肥中含水愈少愈好。

（5）杂质。杂质必须严格控制，因杂质的存在，不仅降低有效成分，而且施用后易造成植物毒害。

对于各级化肥商品的具体要求，应当以一般生产水平为基础，以先进水平为方向。既不宜过高，也不宜过低。过高使生产企业难以完成生产任务，过低则阻碍先进生产技术的发展。

3. 规定取样办法和检验方法

化肥商品质量标准所规定取样办法的内容是：每批商品应抽检的百分率；取样的方法和数量；取样的用具；样品在检验前的处理和保存方法。

检验方法是对于检验每项指标所做的具体规定。其内容包括：每一项指标的含义；检验所用的仪器种类和规格；检验所用试剂的种类、规格和配制方法；检验的操作程序，注意事项和操作方法；检验结果的计算和数据等。

4. 规定化肥商品的包装和标志及保管和运输条件

在化肥商品质量标准中，对于化肥商品的包装和标志都有明确的规定，如包装的种类、形态和规格；包装的方法；每一包装内商品的重量；商品包装上的标志（品名、牌号、厂名、制造日期、重量等）。

关于运输和保管，在化肥商品标准中也都规定了重点要求，如湿度、温度、搬运和堆存方法、检查制度、保存期限等，以防止商品质量发生变化。

（三）化肥商品质量标准的分级

化肥商品质量标准依其适用范围，分为国家标准、部颁标准（专业标准）、企业标准三级。该三级标准制定的原则：部颁标准不得与国家标准相抵触；企业标准不得与国家标准和部颁标准相抵触。企业标准在很多情况下，它的某些指标可以超过国家标准和部颁标准，而使其产品具有独特的质量特点。

第二节　化肥科学施用

一、合理施用氮肥

合理施用氮肥应做到以下几点。

1. 基肥深施覆土是关键

根据氮肥易挥发损失的性质，在施用技术上就必须尽量抑制其不利的变化过程，深施就是最重要的技术措施，以抑制氨挥发、硝化及反硝化作用，最大限度地保蓄氮素（供给作物），把损失降到最小。深施，一般要求将肥料施在距地面 6 厘米以下。方法有：撒施后翻耕或旋耕（实为层施肥）、机播、顺犁沟溜施、开沟及挖坑施。基施、追施，原则上都应达到深施的要求。一般密植作物追肥不易做到深施，应优先选用尿素，撒施后灌水（或大雨），以水带肥渗入土层；若用碳酸氢铵，肥效虽快，但损失大（随水渗入较少），肥效持续时间短。

2. 应分次施用

氮肥因易淋失和发生氨损失，因此，应分为基肥和不同次数的追肥施用。

3. 克服、避免肥料本身不利的个性特点

（1）硝态氮肥，不宜用于稻田。

（2）含氯肥料，不宜施于对氯敏感的作物（前述），不要用于透排水不良的土壤（尤其是盐碱地），干旱区无灌溉农田不能长期大量施用。

（3）尿素做稻田基肥时，应在初灌前 5～7 天施入（大量转化为铵氮后再灌水）。

土壤保存氮肥的能力较小，施入的氮肥损失较大，基本无后效。因此，在某种土壤某一作物上，在产量水平相对稳定的情况下，年年都需适量施入。

二、钾肥的合理施用技术

1. 深施

钾肥虽然活动性较好，可深施，可面施（撒施灌水），但因表层土壤干湿变化大而频繁，会增加土壤对钾的层间固定，因而钾肥也应以深施为主。

2. 以基施为主

可全部做基肥（钾肥易被土壤保存）；也可基肥、追肥分次施用（流动性较好）。

3. 在沙性土上施用

强调应与有机肥混合施用，以减少流失。

4. 因土因作物施用

氯化钾不适宜在干旱（年降水量少于700毫米）和无灌溉条件下及在盐渍土上施用。不适宜在对氯敏感作物上施用，如马铃薯。蔬菜、瓜果等也尽可能少施或不施。钾肥应优先施于喜钾作物，如豆科作物，薯类作物，甜菜、甘蔗等糖用作物，棉花、麻类等纤维作物，以及烟草、果树等都是需钾较多的作物。禾本科作物中以玉米对钾最为敏感，水稻中的杂交稻需钾也比较多。因此，钾肥应优先施于这些喜钾作物上，可以发挥钾肥的最大效益。钾肥应优先施于缺钾土壤，当速效钾含量小于120毫克/千克的壤质土，应增施钾肥；当速效钾含量为120~160毫克/千克的壤质土，酌情补施钾肥；当速效钾含量大于160毫克/千克的壤质土，可不施钾肥。沙质土大多是缺钾土壤，施用钾肥的效果十分明显。值得注意的是沙性土施钾时应控制用量，采取少量多次的方法，避免钾的流失。钾肥应优先施于高产田，一般来讲，中、低产田因产量水平不高，补钾问题并不突出。而高产田由于产量高，带走的钾素多，往往出现缺钾现象，在一定程度上成为作物高产的限制因素。因此，钾肥应优先施于高产田，可以充分发挥平衡施肥的作用。这是一项十分重要的增产措施。钾肥应优先施用于长期不施用农家肥的农田。农家肥钾素含量较高，长期不施用农家肥使得土壤中的钾素得不到补充，因此，往往土壤速效钾含量都较低。

三、氮、磷、钾肥料合理施用技术要点

1. 深施是关键

深施是有机肥、氮、磷、钾肥的一项最基本、最关键的技术。原因是：深施有利于有机肥腐解、减少氮肥的分解挥发损失、抑制硝化（进而反硝化）作用，减少淋失和还原氮气态损失；深施能够使难移动的磷肥接近植物根系；深施能够减少钾肥因施于表土受干湿交替作用导致的层间固定（失效）。

深施方法：撒肥后耕翻或重耙旋耕（实为全层施肥），机播（包括种肥），开沟及挖坑施。在地面追肥时，必须结合灌水或在大雨前进行，稻田追肥可先落干几天，再追肥灌水。地面追肥，一般仅限于氮肥，钾肥亦可，磷肥除水稻外在旱作上则很不应该。

尿素表施、灌水追施比碳酸氢铵好。据试验，尿素渗入0~10厘米土层的占15%~20%，渗入10~30厘米的占80%。而碳酸氢铵仅为尿素渗入量的14.3%~28.6%（尿素渗入量是碳酸氢铵的3.5~7倍）。

碳酸氢铵表施灌水的损失：1天6.1%，3天12.5%；碳酸氢铵深施灌水的损失：深施3厘米，8天损失10.5%；6厘米，6天无损失。

2. 按照肥料的个性正确使用

有机肥一般只做基肥施用（便于施入土层，创建水、热、气、微生物腐解环境）。氮肥必须分次施用。因其易损失，应该分为基施与不同次数的追施。磷、钾肥可全部基施。因磷、钾肥不易损失或损失较少，一般作物追施又不易做到深施，因此可全部作为基肥施用。追肥也采用挖沟、挖坑方式进行，分次施用当然更好（减少固定损失，钾肥还可减少淋失量），硝态氮肥（包括含硝态氮的多元肥）不应施于稻田。尿素若做稻田基肥，应在初灌前5~7天施入（让其转化为铵态氮）。含氯肥料不宜施于盐碱地、排水不良的低洼地、干旱半干旱区土壤（年降水量不足700毫米）；对氯敏感的作物，如烟草、薯类、枸杞、果树等，以及绿色蔬菜生产，不要施用。在灌区的谷类作物上施用，是完全可以的（尤其是水稻，氯化铵的效果往往高于其他氮肥）。

3. 化肥与有机肥配合施用

有机肥不仅养分齐全，能改良土壤，而且能够提高化肥利用率（特别是对磷肥）。

四、常用的二元肥料主要品种及施用技术

只含有一种大量营养元素（或氮、或磷、或钾）的肥料，称为单质（单一）肥料，即分别称为氮肥、磷肥、钾肥。而含氮、磷、钾三大元素中的二种或三种的肥料，即为多元肥料。

多元肥料按其制造方法，可将多元肥料称为复混肥料，复混肥料是复合肥料和混合肥料的统称，是由化学方法或物理方法加工制成的。通常有复合肥料、混合肥料和掺混肥料（BB肥）。复合肥料是直接通过化合作用或混合氨化造粒过程制成的肥料。有二元复合肥和三元复合肥。

1. 常用的氮磷二元复合肥

主要有磷酸二铵、硝酸磷肥及部分磷酸一铵。这类肥料有固定的分子式，养分含量稳定。

（1）磷酸二铵。分子式为（NH_4）$_2HPO_4$，总养分为62%~75%，其中，含氮（N）16%~21%、五氧化二磷（P_2O_5）46%~54%。白色单斜晶体，水溶液呈微碱性，pH 值 7.8~8.0。易溶解，在10℃时，每100毫升水中可溶解63克。一般情况下，磷酸二铵比较稳定，只有在湿、热条件下可引起氨的部分挥发。它是以磷为主的氮磷复合肥，其中氮为铵态氮、90%以上的磷为负二价水溶磷。磷酸二铵可做基肥、种肥和追肥，亩施量一般为10~15千克。但如前所述，都应做到深施。不要与碱性肥料如碳酸氢铵、草木灰混合施用。做种肥时，除小麦与种子掺混同播外，其他情况均不能与种子接触。与小麦掺播，实际是以牺牲部分种子为代价、换得（出苗）壮苗的效果。据试验，小麦套玉米情况下，亩用磷酸二铵10千克做种肥，小麦出苗率从（不用种肥）94%下降到70%；磷酸二铵减少到5千克，则出苗率提高到84%。

（2）磷酸一铵。分子式为 $NH_4H_2PO_4$，养分总量在57%~66%。其中，含氮量9%~13%、含磷量48%~53%。白色四面体结晶，水溶液呈微酸性，pH 值 4.0~4.4。性质稳定，氨不易挥发。溶解常随温度的增高而加大，在10℃时，每100毫升水中可溶解29克，而当水温达100℃时，可溶解173克。磷酸一铵是以磷为主的氮磷复合肥，其中氮为铵态氮、85%以上的磷为负一价水溶磷，其性质优于磷酸二铵，只是其中的氮素含量要少一半。从磷的形态（负一价）和酸性看，在石灰性土壤上施用，效果好于磷酸二铵，这在宁夏和河南等地均有试验证实。磷酸一铵的施用方法、用量和注意事项与磷酸二铵一样。

（3）硝酸磷肥。硝酸磷肥是用硝酸分解磷矿粉，经氨化而制成的氮磷二元复合肥料，其优点是既节省硫酸，又能提供氮素养分。硝酸磷肥的养分含量因制造方法有较大差异，其中，冷冻法制造的硝酸磷肥含氮磷养分比为 20：20；碳化法硝酸磷肥含 N 18%～19%，$P_2O_5$12%～13%；而混酸法硝酸磷肥含 N 12%～14%，$P_2O_5$12%～14%。施用的硝酸磷肥，含氮 26%、$P_2O_5$13%，是以氮为主的氮磷复合肥。硝酸磷肥中既含硝态氮，又含铵态氮。硝酸磷肥作用快，使用方便。从性质看，因含硝态氮不适宜稻田施用；因不完全是水溶性磷，磷的效果可能不如普钙或重钙。故硝酸磷肥适宜在旱作物上施用，可做基肥、种肥和追肥。施用量一般因土壤肥力水平和产量高低而定。土壤肥沃、产量高的地块一般每亩*基施 30～40 千克，低产田可适当减少用量，亩基施 10～20 千克。做种肥时每亩施用 5～7 千克为宜，注意不能与种子接触，以免烧苗。

2. 施用的氮钾二元复合肥

主要有硝酸钾，分子式为 KNO_3，总有效养分含量为 57%～61%，其中，含氮 12%～15%、K_2O 45%～46%，为斜方或菱形白色结晶。吸湿性小，不易结块。硝酸钾是制造火药的原料，在贮运过程中避免与易燃有机物如木炭等接触，防高温、防燃烧、防爆炸。硝酸钾适用于喜钾作物，如烟草、薯类、甜菜、西甜瓜等。因含硝态氮，可做旱地追肥，不宜在稻田施用。一般每亩用量 10～15 千克。硝酸钾是对氯敏感作物的理想钾源，也是配制专用肥的理想原料。用硝酸钾配制的专用肥其吸湿性明显比用氯化钾低。

施用的磷钾二元复合肥主要有磷酸二氢钾分子式为 KH_2PO_4，是一种高浓度的磷钾复合肥，总有效养分 87%，其中，含磷 52%、钾 35%。纯净的磷酸二氢钾为灰白色粉末状，

---

* 1 亩≈667 平方米，1 公顷=15 亩。全书同

易溶于水，吸湿性小，水溶液呈酸性，pH 值 3.0～4.0。磷酸二氢钾可做基肥、种肥、追肥。但由于价格高，一般只用于浸种或喷施。浸种用 0.2%水溶液浸 24 小时左右，阴干播种；喷施用 0.1%～0.2%水溶液，每亩喷施 50～75 克。

五、固氮菌肥的施用

固氮菌肥料是含有大量好气性自生固氮的微生物肥料。自生固氮菌不与高等植物共生，没有寄主选择而是独立生存于土壤中，利用土壤中的有机质或根系分泌的有机物作碳源来固定空气中的氮素或直接利用土壤中的无机氮化合物。固氮菌在土壤中分布很广，其分布主要受土壤中的有机质含量、酸碱度、土壤湿度、土壤熟化程度及速效磷、钾、钙含量的影响。

固氮菌对土壤酸碱度反应敏感，其最适宜 pH 值为 7.4～7.6，酸性土壤上施用固氮菌肥时，应配合施用石灰以提高固氮效率。过酸、过碱的肥料或有杀菌作用的农药，都不宜与固氮菌肥混施以免发生强烈的抑制。

固氮菌对土壤湿度要求较高，当土壤湿度为田间最大持水量的 25%～40%时才开始生长，60%～70%时生长最好，因此，施用固氮菌肥时要注意土壤水分条件。

固氮菌是中温性细菌，最适宜的生长温度为 25～30℃，低于 10℃或高于 40℃时，生长就会受到抑制。因此，固氮菌肥要保存于阴凉处，并要保持一定的湿度，严防暴晒。

固氮菌只有在碳水化合物丰富而又缺少化合态氮的环境中，才能充分发挥固氮作用。土壤中碳氮比低于（40～0）：1 时，固氮作用迅速停止。土壤中适宜的碳氮比是固氮菌发展成优势菌种、固定氮素最重要的条件。因此，固氮菌最好施在富含有机质的土壤中，或与有机肥料配合施用。

土壤中施用大量氮肥后，应隔 10 天左右再施固氮菌肥，否则会降低固氮能力。固氮菌剂与磷、钾及微量元素肥料配合施用，则能促进固氮菌的活性，特别是在贫瘠的土壤上。

固氮菌肥适用于各种作物，特别是对禾本科作物和蔬菜中的叶菜类效果明显。固氮菌肥一般用作拌种。随拌随播，随即覆土，以避免阳光直射，也可蘸秧根或作基肥施在蔬菜苗床上，或追施于作物根部，或结合灌溉追施。

六、磷细菌肥料的施用

磷细菌肥料是能强烈分解有机或无机磷的微生物制品，其中，含有能转化土壤中难溶性磷酸盐的磷细菌。磷细菌有两种：一种是有机磷细菌，在相应酶的参与下，能使土壤中的有机磷水解转变为作物可利用的形态；另一种是无机磷细菌，它能利用生命活动产生的二氧化碳及各种有机酸，将土壤中一些难溶的矿质态磷酸盐溶解成为作物可以利用的速效磷。磷细菌在生命活动中除具有解磷的作用外，还有促进固氮菌和硝化细菌的活动，分泌异生长素、类赤霉素、维生素等刺激物质，刺激种子发芽和作物生长的作用。

磷细菌肥料适用于各种作物，要求及早集中施用。一般做种肥，也可做基肥和追肥。做种肥时要随拌随播，播后覆土。移栽作物时则宜采用蘸秧根的办法。作基肥时可与有机肥拌匀后条施或穴施或是在堆肥时接入解磷微生物，充分发挥其分解作用，然后将堆肥翻入土壤，这样施用的效果比单施好。磷细菌肥料不能直接与碱性、酸性或生理酸性肥料及农药混施，且在保存或使用过程中避免日晒，以保证活菌数量。磷细菌属好气性细菌，在通气良好、水分适当、温度25~35℃、pH值为6.0~8.0时生长最好，有利于提高磷的有效性。

七、钾细菌肥料的施用

钾细菌肥料又称生物钾肥、硅酸盐菌剂，是由人工选育的高效硅酸盐细菌，经过工业发酵而成的一种生物肥料。该菌剂除了能强烈分解土壤中硅酸盐类的钾外，还能分解土壤中难溶性的磷。不仅可以改善作物的营养条件，还能提高作物对养分的利用能力。试验证明，施用钾细菌，对作物具有增产作用。

钾细菌肥料可用做基肥、追肥、拌种或蘸秧根。但在施用时应注意以下几个方面的问题。

（1）做基肥时，钾细菌肥料最好与有机肥配合施用。因为硅酸盐细菌的生长繁殖同样需要养分，有机质贫乏时不利于其生命的进行。

（2）紫外线对菌剂有破坏作用。因此，在储藏、运输、使用时避免阳光直射，拌种时应在避光处进行，待稍晾干后（不能晒），立即播种、覆土。

（3）钾细菌肥料可与杀虫、杀真菌病害的农药同时配合施用（先拌农药，阴干后拌菌剂），但不能与杀细菌农药接触，苗期细菌性病害严重的作物（如棉花），菌剂最好采用底施，以免耽误药剂拌种。

（4）钾肥细菌适宜生长的 pH 值为 5.0~8.0，因此，钾细菌肥料一般不能与过酸或过碱的物质混用。

（5）在速效钾严重缺乏的土壤上，单靠钾细菌肥料往往不能满足需要，特别是在早春或入冬前低温情况下（钾细菌的适宜生长温度为 25~30℃），其活力会受到抑制而影响其前期供钾。因此，应考虑配施适量化学钾肥，使二者效能互补。但钾细菌肥料与化学钾肥之间存在着明显的拮抗作用，二者不宜直接混用。

（6）由于钾细菌肥料施入土壤后释放速效钾需要一个过程，为保证有充足时间提高解钾、解磷效果，必须注意早施。

八、抗生菌肥料的施用

抗生菌肥料是指用能分泌抗菌素和刺激素的微生物制成的肥料。其菌种通常是放线菌，我国应用多年的“5406”即属此类。其中的抗菌素能抑制某些病菌的繁殖，对作物生长有独特的防病保苗作用；而刺激素则能促进作物生根、发芽和早熟。"5406"抗生菌还能转化土壤中作物不能吸收利用的氮、磷养分，提高作物对养分的吸收能力。

"5406"抗生菌肥可用作拌种、浸种、蘸根、浸根、穴施、追施等。施用中要注意的几个问题。

（1）掌握集中施、浅施的原则。

（2）"5406"抗生菌是好气性放线菌，良好的通气条件有利于其大量繁殖，因此，使用该肥时，土壤中的水分既不能缺少，又不可过多，控制水分是发挥"5406"抗生菌肥效的重要条件。

（3）抗生菌适宜的土壤 pH 值为 6. 5~8. 5，酸性土壤施用时应配合施用钙镁磷肥或石灰，以调节土壤酸度。

第三章　主要粮食作物化肥减施增效技术

第一节　营养元素需求特点

一、玉米生产存在的主要施肥问题与对策

1. 主要施肥问题

（1）氮肥一次性施肥面积较大，在一些地区易造成前期烧种烧苗和后期脱肥。

（2）有机肥施用量较少。

（3）种植密度较低，保苗株数不够，影响肥料应用效果。

（4）土壤耕层过浅，影响根系发育，易旱易倒伏。

2. 根据上述问题，提出以下施肥原则

（1）氮肥分次施用，适当降低基肥用量、充分利用磷、钾肥后效。

（2）土壤 pH 值高、高产地块和缺锌的土壤注意施用锌肥。

（3）增加有机肥用量，加大秸秆还田力度。

（4）推广应用高产耐密品种，适当增加玉米种植密度，提高玉米产量，充分发挥肥料效果。

（5）深松整地打破犁底层，促进根系发育，提高水肥利用效率。

二、水稻营养元素需求特点

水稻收获 100 千克稻谷，吸收氮、磷、钾的量大概是：氮

(N) 2.1~2.4 千克、五氧化二磷（P_2O_5）1.25 千克、氧化钾（K_2O）3.13 千克，氮、磷、钾的比例大概为 2∶1∶3。水稻需硅量很大，生产 100 千克稻谷，吸收 17.5~20 千克硅，因此在高产栽培时，要进行稻草还田，施用硅酸肥料或秸秆堆肥，以便满足水稻对硅的需要。水稻的正常生长还需要硼、锰、铜、锌、钼等微量元素，也要注意供应。

在不同的生育进程中，水稻对营养元素的吸收也不同。一般在苗期营养元素的吸收量少，随着生长发育的进行，营养体逐渐大量生长，对肥料的吸收也相应提高，到抽穗前达到最高，以后，其根系活力减退了，对营养元素的吸收量也会逐渐减少。在分蘖期对氮素的吸收达 50%，为最高水平，其次为幼穗发育期，但品种间有差异。在幼穗发育期，对磷的吸收占 50%左右，达到最高值，分蘖期次之，在结实成熟期仍吸收相当数量的磷；在抽穗前对钾的吸收最多，抽穗后吸收很少。

水稻的施肥量，可根据土壤对养分的供应量、水稻对养分的需要量以及所施肥料的养分含量和利用率进行全面考虑。水稻对土壤的依赖程度和土壤肥力关系密切，土壤肥力越低，土壤供给养分的比例越小。

可以将稻田用肥按施肥时期分为基肥和追肥。水稻移栽之前施用的肥料就是基肥，包括面肥和底肥。基肥以有机肥料为主，以适量化肥为辅，主要采用全层施肥方法，也可以采用浅层施肥和表层面施的方式。按施肥时期可以把追肥分为分蘖肥、穗肥和粒肥。在水稻返青分蘖期施用的肥料叫作分蘖肥，可以使分蘖早生快发。连作早、晚稻通常在移栽后 1 周内一次性施用氯化钾和尿素。在返青期，单季晚稻施用钾肥和尿素，在分蘖期，要根据苗情补施尿素。穗肥就是在幼穗分化期施用的肥料，可以加快水稻的幼穗分化和生长发育。肥料又可分成促花肥和保花肥。施用促花肥是为了促进颖花的分化，通常在倒 3

叶生出时施适量的速效性肥料。施用保花肥是为了保护颖花的生长发育，通常在倒 1 叶露尖后施适量的速效性肥料。粒肥就是指水稻抽穗之后施用的肥料，以增强植株的后期生长、增加粒重。一般采用根外追肥的办法，如喷施磷酸二氢钾或 1%~2% 的尿素，使用时以傍晚喷施为好，应避开花期。

三、小麦营养元素需求特点

小麦返青前，由于植株生长缓慢，营养体较小，对氮、磷、钾的需求量较少，但由于植株吸肥能力差，要求土壤供肥水平较高，对氮、磷、钾的反应比较敏感，是小麦养分的临界期；返青以后至抽穗，是小麦干物质快速积累的时期，营养生长与生殖生长同时并进，代谢速度快，对氮、磷、钾的需求也增加；而在抽穗开花之后，根系的吸收能力下降，对氮、磷、钾的需求下降，体内养分的利用主要来自再分配。

冬小麦营养期比春小麦长，需肥相对较多，在化肥的分配与施用上，应适当多分配些，增加追肥的次数和比例，保证冬小麦较长时期的养分需求。春小麦营养时期较短，没有越冬期和返青期，在肥料有限时，可适当少安排些，并要早施、集中施用，增加前期施肥比重。

第二节　粮食作物化肥减施增效

一、玉　米

作物秸秆还田地块要增加氮肥用量 10%~15%，以协调碳氮比，促进秸秆腐解。要大力推广玉米施锌技术，每千克种子拌硫酸锌 4~6 克，或每亩底施硫酸锌 1.5~2 千克。同时，要采用科学的施肥方法。一是大力提倡化肥深施，坚决杜绝肥料撒施。基肥、追肥施肥深度要分别达到 15~20 厘米、5~10 厘米。二是施足底肥，合理追肥。一般有机肥、磷肥、钾肥及中微量元素肥料均做底肥，氮肥则分期施用。玉米田施氮肥时，60%~70%做底施、30%~40%追施。

二、水 稻

水稻的几种施肥方法：一是“前促”施肥法。其特点是在水稻生长前期施入所有肥料，多采用早施攻蘖肥、重施基肥的分配方式，通常基肥占总施肥量的70%~80%，剩余肥料在移栽返青后就全部施用。二是前促、中控、后补施肥法。注重稻田的早期施肥，强调中期限氮和后期氮素补给，通常基肥、分蘖肥占总肥量的80%~90%，穗肥、粒肥占10%~20%，适合分蘖穗比重大、生育期较长的杂交稻。三是前稳、中促、后保施肥法。减少前期施氮量，中期重施穗肥，后期适当施用粒肥，通常基肥、分蘖肥占总肥量的50%~60%，穗肥、粒肥占40%~50%。另外还有一次性全层施肥法等，近来有了较快的发展。

高产水稻还要增施磷钾肥和有机肥，提倡氮肥深施。增施有机肥不仅能为土壤提供较多的腐殖质，使土壤肥力得到提升，还能通过无机肥料和有机肥料的配合，对营养元素的循环和平衡起很重要的作用，是调节水稻营养的重要措施。为了促进根的生长，提高水稻的抗逆性，可以增施磷肥。为了增高水稻体内纤维素和木质素的含量，使其茎秆坚韧，提高抗倒能力，提高叶片的光合效率，可增施钾肥。

为了将铵态氮肥施在土壤的还原层，必须深施氮肥，因为还原层缺氧，铵态氮无法转化成硝态氮而随水流失，能使氮素很好地保存于土壤中，达到提高氮肥利用效率、延长肥效的目的。为了达到深施的效果，可以先施肥后翻耕，也可以采取“以水带氮”的方式进行深施，即在施氮肥后马上灌水，通常沿丰产沟缓慢地流入稻田，使施入的氮肥随水深入耕作层，实现深施。

三、小　麦

（一）冬小麦减施增效技术

1. 施肥量与比例

在确定冬小麦的施肥量时，一定要切实考虑品种与产量水平、肥料特性、土壤肥力、田间管理技术、轮作制度等多方面因素的影响，并依据小麦的长势和吸肥规律进行灵活的调控。不同产量水平的地块，冬小麦全生育期化肥和有机肥的单位施用量大致为：高产田一般每公顷施 900~1 350千克标准氮肥、750 千克标准磷肥、150~225 千克钾肥、15~30 千克锌肥以及超过 60 吨的有机肥；中产田每公顷施 750~1 050千克标准氮肥、750 千克标准磷肥、75~450 千克钾肥以及超过 45 吨的有机肥；低产田每公顷施 600~750 千克标准氮肥、750 千克标准磷肥以及超过 37.5 吨的有机肥。

2. 基肥

“以有机肥为主、化肥为辅”是施用基肥的原则。在增施有机肥的基础上，应配合施用氮、磷、钾化肥。缺乏微量元素的小麦产区和地块应适量增施微量元素。施用肥料通常是将全部磷肥、钾肥、有机肥以及微肥作为基施。可将高产田的 40%~50%、中产田的 60%~70%，低产田的 100%的氮肥用作基施，剩下的氮肥用作追肥。基肥施用中可将有机肥、氮肥、70%的磷肥、钾肥、微肥于耕地前均匀地撒于地表面，然后立即深翻，30%的磷肥于耕后撒施耙平。一般中等肥力地块，每公顷施用过磷酸钙 450~750 千克或磷酸二铵 450~900 千克、尿素 120~225 千克、硫酸锌 15 千克、氯化钾 75~150 千克。

3. 种肥

在小麦播种时，用适量的速效化肥作种肥，能促进冬小麦生根发苗，有效分蘖多，有利于壮苗的培育，特别是在基肥不足的地块、贫瘠土壤或晚播麦田，会取得更为显著的增产效果。施用种肥应注意化肥的种类和用量。一般每公顷施用磷酸二铵22.5~37.5千克，尿素45~60千克或硫酸铵60~75千克。若用碳酸氢铵作为种肥，最好将种子与化肥分开。在缺磷的土壤或基肥没有施用磷肥的地块，把磷肥作为种肥的增产效果很明显。每公顷施用过磷酸钙75~150千克。

4. 追肥

小麦追肥分为苗期追肥、越冬期追肥、返青期追肥、拔节期追肥、孕穗期追肥和根外追肥。

（1）苗肥。就是苗期追肥的简称，在出苗至分蘖初期施用，增加冬前分蘖，巩固早期分蘖，对全苗壮苗有好处，尤其是对晚播和基本苗不全的麦田、丘陵旱薄地或速效养分含量低的湿田等低产田，有更加显著的苗肥效果。而对基肥或种肥充足的麦田，也可不施苗肥。苗肥用量通常是总施肥量的20%，每公顷追施硫酸铵60~90千克或尿素30~45千克。

（2）腊肥。越冬期追肥也称“腊肥”，对于适期播种、基肥施用充足的中高产麦田，冬前通常不用追肥。播种偏晚或基肥施用不足、分蘖少、个体长势弱的三类苗麦田，需要将冬前地温高、分蘖生长占优势的有利时机抓住，重施腊肥，以壮蘖、促根，弥补基肥的不足。在分蘖期追施迟效性有机肥料或速效性化肥，随即浇水，以促进弱苗转壮。如果麦田的基肥施用不足，应把基肥量与已施基肥量的差值作为追肥数量，应根据苗情掌握弱苗的追肥量。一般在小雪前后每公顷施用人粪尿肥液或45~75千克尿素。进入越冬期以后的小麦，把羊粪、马粪等暖性肥料撒在麦田里，可以取得很理想的保温增肥效果。

（3）返青肥。返青期追肥也称返青肥，对于土壤肥力较低或基肥不足或播期较迟且长势较弱、分蘖较少的麦田，应早追或重追返青肥，并一定要和返青水结合进行，这样才能取得更佳的肥效。可巩固冬前分蘖，增加年后有效分蘖数，这样，可以取得增穗、平衡营养供应的效果。返青肥以速效化肥为主，一般可每公顷施过磷酸钙135~150千克、碳酸氢铵225~300千克或尿素75~150千克。为了防止养分损失，要开沟深施。对基肥充足或土壤肥力高而长势旺盛的麦田，也可以不施用返青肥，以防封垄过早，造成倒伏和郁闭。

（4）拔节肥。拔节期追肥也称为拔节肥，一般在冬小麦分蘖高峰后施用，主要是为了促进小花分化、性器官的形成，提高成穗率。争取实现穗大粒多高产。拔节肥的施用量，要综合考虑前期施肥基础、苗情、地力等情况，并采取相应的肥水管理措施。对于生长健壮的麦田，可少施氮肥，配施适量磷钾肥，一般结合浇水，每公顷施氯化钾45~75千克、过磷酸钙45~75千克、尿素45~75千克。对于有缺素症、分蘖很少、长势极弱的麦田，应多施速效性氮肥，每公顷施用150~225千克尿素。

（5）孕穗肥。孕穗期施用的肥料也称为孕穗肥，孕穗肥以施用少量氮肥为宜，每公顷施45~75千克尿素，以延长旗叶功能期，确保穗大粒重质优。

（6）根外追肥。小麦抽穗以后，根系逐渐老化，吸收肥水的能力降低，可采用根外追肥（叶面喷肥）的办法，平衡供应各种养分，能取得明显的增产效果。抽穗至乳熟期，若麦田叶色发黄，有可能脱肥，可喷施尿素1.0%~1.5%；若麦田叶色浓绿，有可能贪青晚熟，可喷磷酸二氢钾0.2%~0.3%。一般喷肥2~3次，其间隔为1周左右。在生产实践中，小麦后期叶面喷肥还可与防治锈病、麦蚜等的药物混合施用。有些优质小麦产区，喷施黄腐酸、核苷酸、氨基酸等生长调节剂和微量元素，会取得一定的增产增质的效果。

（二）春小麦减施增效技术

和冬小麦的播种期不同，春小麦的需肥规律和生长习性与冬小麦有很大差异，其施肥技术也有所不同。

基肥：由于春小麦播种时是在早春，土壤刚化冻 5~7 厘米，地温很低，所以应特别重施基肥。结合春翻地和秋翻地施 2 次肥，效果更好。每公顷施过磷酸钙 450~600 千克、尿素 150~300 千克、优质有机肥料 30~60 吨。

种肥：种肥施用量要少，肥料质量要好。通常每公顷施磷酸二铵 150~300 千克、过磷酸钙 225~375 千克或硫酸铵 75~105 千克。如果已经施足了基肥，可施少量种肥，每公顷施 75~120 千克磷酸二铵。

追肥：大多春小麦品种在 3 叶期就开始伸长生长锥并进行穗轴分化，4 叶期就开始进行幼穗分化，发育早，生长快，需要较多的养分。

第四章　常见蔬菜化肥减施增效技术

第一节　营养元素需求特点

蔬菜作物种类不同，对营养元素的要求也不同。小型叶菜类蔬菜，生长期需要氮最多，而大型叶菜类蔬菜需要氮也多，但到生长盛期则需增施钾肥和适量磷肥。如果全期氮素不足，则植株矮小，组织粗硬，萝卜、莴苣等品种还易早期抽薹。结球叶菜类蔬菜，后期磷钾不足时，不易结球。

根茎菜类幼苗需多量的氮、适量的磷和少量的钾；到根茎肥大时，则需要多量的钾、适量的磷和较少的氮。如果后期氮素过多，而钾供应不足，则植株地上部容易徒长；前期氮肥不足，则生长受阻发育迟缓。

果菜类蔬菜幼苗需氮较多，磷钾的吸收相对较少；进入生殖生长期，磷的需要渐增，而氮的吸收量则略减。如果后期氮过多，而磷不足，则老叶徒长，影响结果；前期氮不足则植株矮小；磷钾不足则开花晚，产量和品质也随之降低。

各种蔬菜利用矿质营养元素的能力有所不同。甘蓝最能利用氮，甜菜最能利用磷，番茄利用磷的能力最弱，但对大量的磷酸盐类，却无不良反应。

茄子对于磷酸盐的反应较好，既需吸收大量氮，又需吸收大量钾和磷。

第二节　瓜　类

瓜类蔬菜有黄瓜、甜瓜、西瓜、西葫芦、南瓜、丝瓜、冬瓜等，该类蔬菜喜湿不耐涝、喜肥不耐肥，适宜富含有机质的肥沃土壤。

一、黄　瓜

（一）营养特点

黄瓜为一年生草本蔓生攀缘植物，根系主要分布在0~25厘米的土层内，10厘米内最为密集，属浅根性蔬菜。黄瓜对土壤条件要求较高，土壤水分过多或过少，土壤通气不良等，均会影响黄瓜的生长和产量。适宜中性或弱酸性的土壤。黄瓜吸水能力强，耗水量大，需要经常灌溉。

黄瓜产量高，对养分的需要量比较大，每生产1 000千克黄瓜需要吸收氮2.8~3.2千克，磷0.5~0.8千克，钾2.7~3.7千克，钙2.1~2.2千克，镁0.4~0.5千克，对养分的需求是钾>氮>钙>磷>镁。

黄瓜的生育周期分为幼苗期、初花期和结果期。黄瓜不同生育期对养分的吸收不同，初花以前，植株生长缓慢，对养分的吸收量比较少，随着不断的开花结果，养分的吸收量逐渐增加。在整个生长发育的过程中对氮的吸收有两次高峰，分别出现在初花期至采收期、采收盛期至拉秧期。对磷、钾、镁的吸收高峰在始采期到采收盛期，对钙的吸收在盛采期至拉秧期。

（二）施肥技术

1. 基肥

播种或定植前结合土壤耕翻施入土壤中或播种时距种子15厘米左右开沟施用。一般每亩施优质的农家有机肥料3 000~

4 000 千克、磷酸二铵 10～15 千克和硫酸钾 15 千克，将其混合后施用。

2. 追肥

黄瓜是连续采收的蔬菜，需要不断追肥，以保证果实的正常生长发育和植株的健壮生长。依据土壤肥力和土壤质地情况，一般追肥 3～5 次，原则以速效化肥为主。

（1）结瓜初期进行第一次追肥，每亩施用尿素 10 千克（或硫酸铵 20 千克），硫酸钾 10 千克。

（2）盛瓜期进行第二次追肥，以后每 15～20 天追肥一次，每次追肥的数量可适当减少，最后一次追肥可以不追钾肥。在结瓜盛期可用 0.5%的尿素和 0.3%～0.5%的磷酸二氢钾水溶液叶面喷施 2～3 次。

二、西葫芦

（一）营养特点

西葫芦为一年生草本植物，根系发达，主要根群深度为 15～20 厘米，分布范围 120～210 厘米。耐低温和弱光的能力强，具有较强的吸水力和抗旱能力，对土壤的要求也不太严格，在沙土、壤土或黏土上均可很好地生长，而且产量高，病害相对较轻、采瓜期长。

西葫芦的生育期分为幼苗期、初花期、结瓜期。幼苗期需肥量较少，随着开花结果对养分的需求逐渐增大。西葫芦属喜肥蔬菜，对养分的需求量比黄瓜高，每生产 1 000 千克西葫芦需要氮 3.92 千克、磷 2.13 千克、钾 7.29 千克。

（二）施肥技术

1. 基肥

西葫芦对厩肥、堆肥等有机肥料具有良好的反应，施肥应以有机肥为主，肥料配合上必须注意磷肥、钾肥的供给。基肥的用量一般每亩施用 5 000~7 000 千克优质农家有机肥料、尿素 10~15 千克、磷酸二铵 30~40 千克、硫酸钾 30~40 千克。

2. 追肥

（1）当根瓜开始膨大时进行追肥，每亩追施尿素 10~15 千克、磷酸二铵 10 千克、硫酸钾 20 千克。

（2）在果实生长和陆续采收期间，根据长势应追肥 2~3 次，每次每亩施用尿素 10~15 千克。

第三节　豆　类

豆类蔬菜包括菜豆、豇豆、豌豆、大豆、蚕豆、刀豆、扁豆等。豆类蔬菜最大的营养特点是根系具有根瘤，能固定空气中的氮素，因此，对氮肥的需要量少，但需磷肥、钾肥比较多，对土壤养分要求不严格。

一、菜　豆

（一）营养特点

菜豆俗称四季豆、芸豆，以食用嫩荚和种子为主，是我国重要的春、夏、秋季蔬菜。菜豆根据其茎的生长习性可分为矮生菜豆和蔓生菜豆。菜豆的根系比较发达，直根入土深。主根和侧根上可形成根瘤，可固定空气中的氮素，能为菜豆生长发育提供约 1/3 的氮素营养，因此，对氮肥的需要量少。菜豆适宜生长的 pH 值为 5.5~6.5，耐酸能力较弱，土壤 pH 值下降时严重影响菜豆的生长。

每生产 1 000 千克菜豆需要吸收氮 10.1 千克、磷 1.0 千克、钾 5.0 千克，其中，氮素约 1/3 来自根瘤菌固氮。不同品种养分的需要量不同，矮生菜豆比蔓生菜豆对养分的需要量少。矮生菜豆生育期短，从开花盛期就开始大量吸收养分；蔓生菜豆生育期长，到嫩荚伸长时才开始大量吸收养分。菜豆对磷的需要量不多，但缺磷使植株和根瘤菌生长不良，严重影响产量。菜豆的生育期分为幼苗期、抽蔓期和开花结荚期，苗期和结荚期是施肥的关键时期。

（二）施肥技术

1. 基肥

播种或定植前结合土壤耕翻施入土壤中，或播种时距种子15厘米左右开沟施用。菜豆根系的根瘤固氮作用较弱，尤其是在根瘤菌未发育的苗期，利用基肥中的养分促进菜豆的生长发育非常重要。一般每亩施优质的农家有机肥料3 000~4 000千克，尿素10千克、磷酸二铵15千克和硫酸钾10千克混合后施用，或复合肥20~30千克。矮生菜豆可适当减少。菜豆根系需要良好的通气条件，施用未腐熟的鸡粪或其他有机肥，土壤容易产生有害气体，氧气减少，引起烂种和根系过早老化。因此基肥应选择完全腐熟的有机肥，也不宜用过多的氮素肥料。

2. 追肥

根据土壤肥力状况和菜豆长势，一般蔓生菜豆追肥2~3次，矮生菜豆追肥1~2次。

（1）播种后20~25天，菜豆开始花芽分化时可适当追肥，育苗移栽的菜豆在缓苗后可适当追肥，每亩追施尿素5~10千克，磷肥5~10千克。

（2）开花结荚期追肥。菜豆坐荚后根据菜豆的长势追肥，每亩用尿素5~10千克、硫酸钾5千克。

（3）第一次收获后，菜豆进入开花结荚盛期，进行第三次追肥，以速效氮肥为主，如尿素10千克。在收获的中后期，如发现脱肥现象，可再追施尿素10千克左右，防止早衰延长生长期，增加产量。

二、豇　豆

（一）营养特点

豇豆根系发达，主根能达到1米深，侧根可达0.8米。对土壤条件要求不严格，旱地、贫瘠土壤也能生长，壤土和沙壤土生长效果最好。相对于其他豆类蔬菜，豇豆根瘤菌较少，固氮能力弱，因此，豇豆要求适当多施基肥，保证前期生长有充足的氮素供应。

每生产1 000千克豇豆需要吸收氮12.2千克（部分氮素由根瘤菌固氮提供）、磷1.1千克、钾7.3千克，豇豆需钾量较多。在植株生长发育的前期，根瘤尚未充分发育，需供给一定量的氮肥，氮数量不宜过多，以免引起徒长，应氮、磷、钾肥配合施用。豇豆与其他豆类相比更容易出现营养生长过旺而影响开花结荚，因此，结荚前应通过控制肥水控制茎叶的生长，肥水过多会导致徒长，开花结荚部位上移，花序减少。

（二）施肥技术

1. 基肥

播种前结合土壤耕翻施入土壤中，或播种时距种子15厘米左右开沟施用。豇豆不耐肥，如果土壤肥沃，基肥可适当少施；如果土壤贫瘠，基肥可适当多施。基肥的用量一般为优质农家有机肥料2 000~3 000千克，尿素5千克、磷酸二铵15千克和硫酸钾5千克混合后施用。

2. 追肥

根据土壤肥力状况和豇豆的长势，一般追肥2~3次。

（1）当嫩荚开始伸长时，进行第一次追肥，每亩追施尿素5~10千克、硫酸钾5千克。

（2）采收盛期根据豇豆的长势，再追肥1~2次，每亩追施尿素5~7.5千克。

第四节　茄果类

茄果类蔬菜有番茄、茄子和辣椒等，多为无限生长型，边现蕾、边开花、边结果，生产上要注意调节营养生长与生殖生长的矛盾。花果类蔬菜对钾、钙、镁的需求量比较大，特别是在果实采收期开始，容易产生缺素症状，如番茄、辣椒的果实脐腐病等。茄果类蔬菜的采收期比较长，需要边采收边供给养分，才能满足不断开花结果的需要，否则植株早衰，采收期缩短。

一、番　茄

（一）营养特点

番茄根系发达，分布广而深，吸收能力和再生能力强。要求有良好的土壤条件，充足而平衡的养分供应。施肥不合理易给番茄生长带来不利的影响，如氮素过多容易落花落果、果实畸形，钾素不足易早衰、抗性下降，缺钙易出现脐腐病，影响产量和品质。

番茄的生育期可分为发芽期、幼苗期、开花着果期、结果期。采收期长，需要边采收边供给养分。从幼苗移栽到开花前对养分的需求量较少，尤其磷的吸收更少，钾和钙的吸收量最大，开花后养分的吸收量逐渐增加，到果实形成期则成倍增加。番茄对营养元素吸收的特性主要表现在对钾素的需求量最大，氮素次之，磷素最小。每生产1 000千克的番茄需氮2.1~3.4千克、磷0.3~0.4千克、钾3.1~4.4千克。

（二）施肥技术

1. 基肥

定植前结合耕翻施入土壤中的肥料，施足基肥是高产的基础，应以有机肥料为主配合施用化肥。每亩应施用腐熟的农家有机肥料 4 000~5 000 千克，过磷酸钙 40~50 千克或磷酸二铵 10~15 千克，硫酸钾 10~15 千克。

2. 追肥

移栽后到坐果前，以控为主，不追肥。第一果穗有乒乓球大小时开始追肥，以后根据番茄长势、土壤条件和天气状况每隔 10~15 天追肥 1 次。每次追施尿素 20~30 千克、磷酸二铵 5 千克、硫酸钾 20~30 千克。注意每层开花坐果时肥量要降低，每层膨果时肥量要增加。

根据番茄的长势，在结果盛期可进行叶面施肥，防止早衰。一般用 0.3%~0.5%的磷酸二氢钾、0.1%~0.2%的尿素或 0.1%硼砂溶液喷施叶面。

二、茄　子

（一）营养特点

茄子的根系发达，根深叶茂，垂直根系可达 1~1.3 米，主要根群分布在 33 厘米内的土层，根系损伤后再生能力差。生长结果期长，养分的吸收量大。茄子对养分的吸收量，随着生育期的延长而增加，进入结果期养分吸收量迅速增加，从采果初期到结果盛期养分的吸收量可占到全生育期的 60%以上。茄子对氮、磷、钾的吸收特点为：吸钾最多，其次是氮，吸磷最少。每生产 1 000 千克的茄子需氮 2.6~3.0 千克、磷 0.3~0.4 千克、钾 2.6~4.6 千克。

（二）施肥技术

1. 基肥

定植前结合耕翻施入土壤中的肥料，应以有机肥为主，配合施用化肥。每亩施用有机肥 4 000~5 000 千克，过磷酸钙 25~30 千克或磷酸二铵 10~15 千克，硫酸钾 10~15 千克。

2. 追肥

（1）第一次追肥是在“门茄”长到 3 厘米时，即“瞪眼期”（花受精后子房膨大露出花萼时），果实开始迅速生长时进行。每亩追施纯氮尿素 10~12 千克或硫酸铵 20~25 千克。

（2）当“对茄”果实膨大时进行第二次追肥，追肥量同上。

（3）以后根据茄子长势、土壤质地及天气条件，每隔 15~20 天追肥 1 次，直到“四母斗”收获完。

三、辣　椒

（一）营养特点

辣椒根系不发达，根系少，主要分布在 15~30 厘米的土层内，横向分布在 25~30 厘米。对土壤的适应性比较广，但以中性至微酸性土壤最好。

辣椒在各个不同生育期，对氮、磷、钾等营养物质吸收的数量不同，从出苗到现蕾，约占吸收总量的 5%；从现蕾到初花植株生长加快，对养分的吸收量增多，约占吸收总量的 11%；从初花至结果是营养生长和生殖生长旺盛时期，也是吸收养分和氮素最多的时期，约占吸收总量的 34%；盛花期至成熟期，对磷、钾的需要量最多，约占吸收总量的 50%。辣椒对氮素的吸收随着生育进程逐渐增加；对磷的吸收在不同阶段变幅较少；对钾的吸收在生育初期较少，从果实采收开始明显增加，一直持续到结束；对钙的吸收随着生长期逐渐增加，若在果实发育期钙素不足，易出现脐腐病；对镁的吸收高峰在采果盛期。每生产 1 000 千克的辣椒需氮 3.5~5.5 千克、磷 0.3~0.4 千克、钾 4.6~6.0 千克。对氮、磷、钾的吸收特点为钾>氮>磷。

（二）施肥技术

1. 基肥

定植前结合耕翻施入土壤中的肥料，应以有机肥为主配合施用化肥。每亩施用有机肥 5 000~6 000 千克，尿素 10 千克、过磷酸钙 50 千克或磷酸二铵 20~25 千克，硫酸钾 15 千克。

2. 追肥

（1）第一次追肥在辣椒膨大初期，以促进果实膨大。每亩追施尿素 30 千克，硫酸钾 20 千克。

（2）盛果期进行第二次追肥，以后根据辣椒的生长情况、土壤条件和天气情况结合浇水追肥 2~3 次。叶面追肥有利于有机物的积累，防止落花、落果，一般增产率在 10%以上。在开花期喷 0.1%~0.2%的硼砂水溶液，可提高坐果率，在整个生长期可多次喷 0.3%~0.4%的磷酸二氢钾溶液。

第五节　叶菜类

叶菜类蔬菜包括大白菜、结球甘蓝、芹菜、菠菜、莴苣等，在养分的吸收上有其共同特点：一是对氮、磷、钾养分的需要以氮和钾为主，比例约为 1∶1；二是多数根系比较浅，属浅根型作物，抗旱和抗涝的能力都比较低；三是多数叶菜类养分吸收速度的高峰是在生育的前期。因此，叶菜类蔬菜前期营养供应非常重要，对产量和品质都有重要的影响。

一、大白菜

（一）营养特点

大白菜又称结球白菜，根系发达，由胚根形成肥大的肉质直根，着生大量的侧根，由2~4级侧根形成发达的网状根系，这些根系99%分布于地表以下30厘米深的土层。因此，要求土层深厚、质地疏松、供肥能力高的土壤。适宜生长的pH值为6.0~6.8。

大白菜生长期长、产量高，对养分的要求也高。每亩地产量可达1万多千克，形成如此高的产量需要充足的营养物质保障。据陈佐忠等人测定，大白菜可食部分含氮3.4%、磷0.4%、钾3.09%、钙1.08%、硫0.36%、铁0.012%和硅0.001%，可见大白菜体内含氮、磷、钾比较高。大白菜氮、磷、钾的含量在不同部位也不同，在叶片中含量最多，约占90%；茎盘中含量占6%左右，根占3%左右。不同叶位养分含量差异也很大，含氮量是外叶含量低于心叶含量，磷、钾、钙、镁含量是随着叶位的增加而降低。

大白菜是需肥较高的蔬菜。据资料报道，平均单株一生需要吸收氮6.46~8.65克、磷1.21~1.61克、钾9.18~13.94克。每生产1 000千克的大白菜需氮1.8~2.6千克、磷0.4~0.5千克、钾2.7~3.1千克，其比例约4.6∶1∶7.6，钾的需要量明显高于氮和磷。大白菜为喜钙蔬菜，环境条件不良、管理不善时会导致生理缺钙，出现干烧心病，对大白菜的品质影响很大。因此，除了保证氮、磷、钾营养元素的供应外，还要保证钙的供应。

大白菜生长发育过程分为营养生长和生殖生长两个阶段。营养生长阶段包括发芽期、幼苗期、莲座期、结球期。生殖生长阶段包括返青期、抽薹期、开花期和结实期。大白菜总的需肥特点是：苗期吸收养分较少，吸收量不足1%；莲座期吸收养分明显增多，其吸收量占 30%；结球期吸收养分最多，约占总量的 70%。各时期吸收养分的比例也不同，苗期氮、磷、钾的比例为 5.7：1：12.7，莲座期为 1.9：1：5.9，包心期为 2.3：1：4.1。

（二）施肥技术

1. 基肥

播种前需要大量有机肥做基肥，可结合土壤深耕翻施入土壤中。一般每亩施用腐熟有机肥 3 000~4 000 千克，撒施耕翻或开沟施用。土壤肥力高的地块可适量少施，土壤肥力低的新菜地应重施有机肥，并适量施用化肥做基肥。

2. 追肥

大白菜生长发育过程中一般追肥 3 次，需肥最多的时期是莲座期和包心结球初、中期，在此两个时期对养分的吸收速率最快，容易造成土壤养分亏缺，并表现出营养不足，因此在这两个时期要特别注意养分的供应。

（1）苗肥从播种到 30 天内为苗期，生物量仅占生物总产量的 3.1%~5.4%。主根已深达 10 厘米左右，并发生一级侧根，根系的吸收能力逐渐增强，可施入少量的提苗肥，促进幼苗生长。以速效氮肥为主，如尿素或硝酸铵 5 千克左右。

（2）莲座期追肥。进入莲座期，自播种 31~50 天的 19 天内，生物量猛增，占生物总产量的 29.2%~39.5%。在距苗 15~20 厘米处开沟或穴施氮、磷、钾复合肥 20~25 千克。

（3）结球期（包心期）追肥结球初期、中期，自播种 50~69 天的 19 天内，生物量有更多的增长，占生物总产量的 44.4%~56.5%。这一时期的增重量是决定总产量高低及白菜品质的关键时期，需增加追肥量，应以氮肥为主，并配合施用磷钾肥。如每亩追施尿素或硝酸铵 20~25 千克，硫酸钾 20 千克或氯化钾 15 千克或相当数量的草木灰。

在土壤肥力差的土壤上，还可在莲座期至结球期进行叶面追肥，喷施 0.5%~1%的尿素和磷酸二氢钾，以提高大白菜的产量和品质。

结球后期自收获，自播种 69~88 天的 19 天内，生物量增长速度明显下降，相应吸收养分量也减少，占总生物量的 10%~15%，一般不需再施肥。

3. 大白菜缺钙的矫治

大白菜缺钙多见于结球期，症状是内叶叶缘出现枯萎呈干烧心状，影响大白菜的产量、品质和食用价值。许多研究资料表明，大白菜缺钙并非完全因为土壤缺钙，氮肥用量过多和土壤干旱也会加重缺钙的发生。可通过叶面施肥补充，如用 0.3%~0.5%硝酸钙或氯化钙溶液喷施，每隔 7 天 1 次，连喷 2~3 次即可见效。在喷施的溶液中加入生长素可以改善钙的吸收，如在 0.5%的氯化钙溶液中加萘乙酸 50 毫克/升，在结球初期喷洒能提高喷施效果。

4. 硼肥的施用及效果

大白菜是需硼较多的蔬菜，其外叶适宜的含硼量为 20~50 毫克/千克（干重），若含硼量小于 15 毫克/千克（干重），容易产生缺硼。大白菜缺硼的症状为生长点萎缩，叶片发硬而皱缩，叶柄常有木栓化褐色斑块，叶柄出现横裂，不能正常结球或结球不紧实。对于缺硼的土壤施用硼肥，一般土壤有效硼小于 0.5 毫克/千克，每亩施用硼砂 1 千克做基肥，在莲座期或结球期喷施 0.1%~0.2%的硼砂溶液，每隔 7 天喷 1 次，连喷 2 次。

二、结球甘蓝

（一）营养特点

结球甘蓝是一种叶片肥大的结球性蔬菜，为浅根系，主根不发达，须根系发达，主要分布范围为在深30厘米、横向直径80厘米的土层中。结球甘蓝对土壤的适应性较强，从沙土到黏壤土均能生长。适宜的土壤酸碱性为中性到微酸性（pH值为5.5~6.5），土壤过酸容易影响甘蓝对镁、磷、钼等营养元素的吸收。由于结球甘蓝原产地中海一带，因此具有一定的耐盐性，土壤含盐量达1.2%的盐渍土中仍能生长。

结球甘蓝是一种产量高、养分消耗量大的蔬菜，形成1 000千克商品产量需要吸收氮4.1~6.5千克、磷0.5~0.8千克、钾4.1~5.7千克，氮、磷、钾比例约为8：1：7.5，结球甘蓝是需氮和钾较多的蔬菜。

结球甘蓝从播种到开始结球，生长量逐渐增大，对养分的吸收量也逐渐增加，氮、磷的吸收量为总吸收量的15%~20%，钾的吸收量为6%~10%。开始结球后，养分的吸收量迅速增加，氮、磷的吸收量占总吸收量的80%~85%，钾的吸收量占总吸收量的90%。因此需要根据结球甘蓝不同生育时期的营养特点进行合理施肥。

（二）施肥技术

1. 基肥

以有机肥料为主，配合施用适量的磷肥，一般在定植前结合整地每亩施用腐熟农家肥料4 000~5 000千克，可将磷肥40~50千克与其混合后堆积一段时间施用。

2. 追肥

春甘蓝定植时，可根据地力情况对水浇施适量的速效氮肥，如每亩施用尿素7~10千克，可加快缓苗，提高抗寒能力。

结球甘蓝蹲苗后可追施氮肥和钾肥，如每亩追施尿素10~15千克，硫酸钾20~25千克。进入结球期后需肥量迅速增加，一般追肥次数依品种不同有所差异，早熟品种追肥1~2次，中晚熟品种追肥 2~3 次。每次每亩追施氮肥 15~20 千克。追施化肥后应及时浇水，以提高甘蓝对养分的吸收量，充分发挥肥料的作用。

3. 结球甘蓝缺钙的矫治

结球甘蓝很容易缺钙，其主要症状是内叶叶缘及心叶一起由褐色变干枯，呈干烧心（心腐病），产品品质低劣，可食率下降，严重影响产量。甘蓝外叶适宜的含钙量为 1.5%~3.0%（干重），小于 1.5%就会表现缺钙。钙肥施入土壤的效果甚微或无效，常用 0.3%~0.5%的氯化钙叶面喷施，每隔 7 天左右喷施 1 次，连喷 2~3 次。

三、芹　菜

（一）营养特点

芹菜为浅根性蔬菜，根系主要分布在 7~10 厘米的土层中，根系吸收养分的能力较弱。芹菜的营养生长期包括发芽期、幼苗期、叶片生长期，不同生育期对养分有不同的需求，发芽期、幼苗期对养分的需求较少，定植缓苗后，叶片生长旺盛，对养分的需求逐渐增加。

不同养分种类对芹菜的生育影响不同，氮肥主要影响地上部的生长，即叶柄的长度和叶数的多少，缺氮的芹菜植株矮小，容易老化空心。磷肥过多时叶柄细长，纤维增多。充足的钾肥有利于叶柄的膨大，提高产量和品质。形成 1 000 千克商品产量需要吸收氮 1.8~2.0 千克、磷 0.3~0.4 千克、钾 3.2~3.3 千克。

（二）施肥技术

1. 基肥

定植前结合整地每亩施入 3 000~4 000 千克腐熟的农家有机

肥料，磷酸二铵 10~15 千克，硫酸钾 15~20 千克，对于缺硼的土壤可施硼砂 1~2 千克。

2. 追肥

一般在定植后缓苗期间不追肥，缓苗后可施催苗肥，每亩 5 千克尿素结合浇水施用。当新叶大部分展出直到收获前植株进入旺盛生长期，要多次追肥。当植株达 8~9 片真叶时，按每亩 10~15 千克尿素进行第一次追肥。以后根据土壤肥力和土壤质地状况，每隔 15~20 天追肥 1 次，肥料的种类、用量同第一次追肥，共追肥 3~4 次。

在芹菜旺盛生长期，可用 0.5%的尿素溶液和 0.2%~0.5%的硼砂溶液进行叶面喷施，能明显提高产量和改善品质。

第六节　根菜类

根菜类蔬菜以肉质根为食用产品，它们对土壤条件的要求和营养特点与其他类蔬菜有一定的差别。这类蔬菜为深根性植物，根系发达，要求土层深厚、排水良好、疏松肥沃的土壤，最好是壤土或沙壤土。土壤板结、耕层浅薄的土壤，不利于块根的膨大，影响产量和品质。根菜类蔬菜对土壤磷的吸收能力强，对土壤缺硼较为敏感，是需硼较多的蔬菜。

一、萝　卜

（一）营养特点

萝卜属深根性蔬菜，根系发达，小型萝卜根深 60~150 厘米，大型萝卜根深可达 178 厘米。萝卜适宜生长的 pH 值为 5.8~6.8，具有一定的耐酸能力。萝卜的营养生长期可分发芽期、幼苗期、莲座期和肉质根生长期。不同生育期吸收氮、磷、钾养分的数量差别很大，幼苗期因生长量小、养分吸收少，氮、磷、钾的吸收比例以氮最多，然后是钾与磷；进入莲座期吸收量明显增加，钾吸收最多，其次是氮、磷；随着肉质根迅速膨大，养分吸收急剧增加，氮、磷、钾的吸收量占80%以上，因此，保证该时期营养充足是萝卜丰产的关键。形成1 000千克商品产量需要吸收氮2.1～3.1千克、磷0.3～0.8千克、钾3.2～4.6千克。

（二）施肥技术

1. 基肥

播种前结合耕翻施入土壤中的肥料。每亩可施用2 500～3 000千克腐熟的农家有机肥料，过磷酸钙25～30千克或磷酸二铵10千克、硫酸钾10千克。

2. 追肥

第一次追肥在幼苗期进行，当苗有两片真叶展开时，追施少量的化肥，每亩12千克尿素。第二次追肥在第二次间苗后，第三次追肥在“破肚”时进行，每亩追施尿素12千克、过磷酸钙和硫酸钾各10千克。中小型萝卜在追两次肥后基本满足以后生长需要，除了在肉质根膨大期适当追肥外，不必再过多追肥。大型萝卜在露肩时需追施氮肥，每亩追施尿素10千克，在肉质根膨大期还要追施钾肥1次。

二、胡萝卜

（一）营养特点

胡萝卜属深根性蔬菜，根系发达，播种后45天主根可深达70厘米，90天根系深达180厘米。胡萝卜的营养生长期分为发芽期、幼苗期、莲座期和肉质根生长4个时期。胡萝卜生育初期迟缓，在播种后两个月内，各要素吸收量比较少。随着根部的膨大，吸收量显著增加，吸收量以钾最多，其次是氮、钙、磷和镁。胡萝卜对氮的要求以前期为主，在播种后 30～50 天，应适量追施氮肥，如果此时缺氮，肉质根膨大不良，直径明显减小。形成 1 000 千克商品产量需要吸收氮 2.4～4.3 千克、磷 0.3～0.7 千克、钾 4.7～9.7 千克。

（二）施肥技术

1. 基肥

播种前结合整地每亩施入 2 000～2 500 千克腐熟的农家有机肥料，过磷酸钙 15～20 千克或磷酸二铵 5～10 千克，硫酸钾 10～15 千克。

2. 追肥

第一次追肥在出苗后 20～25 天，长出 3～4 片真叶后，每亩施硫酸铵 5～6 千克，硫酸钾肥 3～4 千克。第二次追肥在胡萝卜定苗后进行，每亩可用硫酸铵 7～8 千克，硫酸钾 4～5 千克。第三次追肥在根系膨大盛期，用肥量同第二次追肥。生长后期应避免肥水过多，否则容易裂根，也不利于储藏。

三、马铃薯

（一）马铃薯的需肥量和需肥规律

马铃薯在生长期中形成大量的茎叶和块茎，产量较高，需肥量也较大。在氮、磷、钾三要素中，以钾的需要量最多，氮次之，磷最少。每生产 100 千克块茎需吸收氮 0.5 千克、磷 0.20 千克、钾 1.06 千克，氮、磷、钾比例为 1∶0.4∶2.1。马铃薯需肥规律是：在幼苗期以氮、钾吸收较多，分别达到总吸收量的 20%以上；磷较少，占吸收量的 15%。现蕾和开花期间吸钾量最多，高达 70%左右；氮、磷各达 50%以上。生育后期，则以氮、磷吸收量较多，分别约为 30%和 20%，钾较少，占 5%左右。马铃薯吸肥的总趋势是：以前期和中期较多，占总吸收量的70%以上。

(二)马铃薯施肥方法

马铃薯的底肥以有机肥为主，搭配适量的化学肥料，每亩施腐熟的堆肥或厩肥1 500~2 500千克、磷肥15~25千克、草木灰100~150千克，如果改用钾肥代替草木灰，可用150千克硫酸钾，不能用氯化钾。底肥可采用沟施或穴施，施于10厘米以下土层内。播种时，每亩用氮素化肥5~7.5千克做种肥，可使出苗迅速整齐而健壮。齐苗前追施芽肥和苗肥，每亩1 000千克腐熟的人畜粪尿加适量的氮肥。现蕾开花时期，地上部茎叶生长迅速，地下部块茎大量形成和膨大，需要很多养分，应重施一次追肥，以钾肥为主配施氮肥，每亩需要10千克的硫酸钾加15千克的碳酸氢铵，施后盖土。开花以后植株封行，不宜再追肥。

四、甘　薯

(一)甘薯的需肥量及各生育期的需肥规律

甘薯的生长过程分为4个阶段：一是发根缓苗阶段。指薯苗栽插后，入土各节发根成活，地上苗开始长出新叶。二是分枝结薯阶段。这个阶段根系继续发展，腋芽和主蔓延长，叶数明显增多，小薯块开始形成。三是茎叶旺长阶段。指茎叶从覆盖地面开始至生长最高峰。这一时期茎叶迅速生长，生长量约占整个生长期总量的60%。地下薯块明显增重，也称为蔓薯同长阶段。四是茎叶衰退、薯块迅速肥大阶段。指茎叶生长由盛转衰直至收获期，以薯块肥大为中心。甘薯因根系深而广，茎蔓能着地生根，吸肥能力很强。

在贫瘠的土壤上也能收到一定产量，这经常使人误认为甘薯不需要施肥。但实践证明，甘薯是需肥性很强的作物。甘薯对肥料三要素的吸收量，以钾为最多，氮次之，磷最少。一般每生产 1 000 千克甘薯，需从土壤中吸收氮 3.93 千克、磷 1.07 千克、钾 6.2 千克，氮、磷、钾比例为 1∶0.27∶1.58。

氮、磷、钾比例多在 1∶(0.3~0.4)∶(1.5~1.7)。但不同甘薯生长类型和产量间有差异，其中高产田块钾、磷肥施用量有增多趋势，需氮量有减少的趋势。

甘薯苗期吸收养分较少，从分枝结薯期至茎叶旺盛生长期，吸收养分速度加快，吸收数量增多，接近后期逐渐减少。到薯块迅速膨大期，氮、磷的吸收量下降，而钾的吸收量保持较高水平。氮素的吸收一般以前期和中期为多，当茎叶进入盛长阶段时，氮的吸收达到最高峰，生长后期吸收氮素较少。磷素在茎叶生长阶段吸收较少，进入薯块膨大阶段略有增多。钾在整个生长期都比氮和磷多，尤以后期薯块膨大阶段更为明显。因此，应施足基肥，适期早追肥和增施磷钾肥。

（二）甘薯施肥方法

甘薯施肥要有机肥、无机肥配合，氮、磷、钾配合，并测土施肥。氮肥应集中在前期施用，磷、钾肥宜与有机肥料混合沤制后做基肥施用，同时按生育特点和要求做追肥施用。其基肥与追肥的比例因地区气候和栽培条件而异。甘薯施肥方法如下。

1. 苗床施肥

甘薯苗床床土常用疏松、无病的肥沃沙壤土。育苗时一般每亩苗床地施过磷酸钙 22.5 千克、优质堆肥 700~1 000 千克、碳酸氢铵 15~20 千克，混合均匀后施于窝底，再施 2 500~3 000 升水肥浸泡窝子，干后即可播种。苗床追肥根据苗的具体情况而定。火炕和温床育苗，排种较密，采苗较多。在基肥不足的情况下，采 1~2 次苗就可能缺肥，所以采苗后要适当追肥。露地育苗床和采苗圃也要分次追肥。追肥一般以人粪尿、鸡粪、饼肥或氮肥为主，撒施或对水浇施。一般每平方米苗床施硫酸铵100克。要注意：剪苗前3~4天停止追肥，剪苗后的当天不宜浇水施肥，等1~2天伤口愈合后再施肥浇水，以免引起种薯腐烂。

2. 大田施肥

（1）基肥。基肥应施足，以满足甘薯生长期长、需肥量大的特点。基肥以有机肥为主，无机肥为辅。有机肥要充分腐熟。因甘薯栽插后，很快就会发根出苗和分枝结薯，需要吸收较多的养分。如事先未腐熟好，会由于有效养分不足，致使前期生长缓慢。故有“地瓜喜上隔年粪”和“地瓜长陈粪”的农谚，说的就是甘薯基肥要提前堆积腐熟或在前茬施肥均有一定的增产基肥用量一般占总施肥量的60%~80%。具体施肥量，亩产4 000千克以上的地块，一般施基肥5 000~7 500千克；亩产2 500~4 000千克的地块，一般施基肥3 000~4 000千克。同时，可配合施入过磷酸钙5~25千克、草木灰100~150千克、碳铵7~10千克等。

施肥采用集中深施、粗细肥分层结合的方法。基肥的一半以上在深耕时施入底层，其余基肥可在起垄时集中施在垄底或在栽插时进行穴施。这种方法在肥料不足的情况下，更能发挥肥料的作用。基肥中的速效氮、速效钾肥料，应集中穴施在上层，以便薯苗成活后即能吸收。

（2）追肥。追肥需因地制宜，根据不同生长期的生长情况和需要确定追肥时期、种类、数量和方法，做到合理追肥。追肥的原则是“前轻、中重、后补”。具体方法有以下几种。

一是提苗肥。这是保证全苗，促进早发加速薯苗生长的一次有效施肥技术。提苗肥能够补充基肥不足和基肥作用缓慢的缺点，一般追施速效肥。追肥在栽后3~5天内结合查苗补苗进行，在苗侧下方7~10厘米处开小穴，施入一小撮化肥（每亩

1.5~3.5千克），施后随即浇水盖土，也可用1%尿素水灌根；普遍追施提苗肥最迟在栽后半个月内团棵期前后进行，每亩轻施氮素化肥1.5~2.5千克，注意小株多施，大株少施，干旱条件下不要追肥。

二是壮株结薯肥。这是分枝结薯阶段及茎叶盛长期以前采用的一种施肥方法。其目的是促进薯块形成和茎叶盛长。所以被称之壮株肥或结薯肥。因分枝结薯期，地下根网形成，薯块开始膨大，吸肥力强，为加大叶面积，提高光合生产效率，需要及早追肥，以达到壮株催薯、快长稳长的目的。追肥时间在栽后30~40天。施肥量因薯地、苗势而异，长势差的多施，每亩追硫酸铵7.5~10千克或尿素3.5~4.5千克，硫酸钾10千克或草木灰100千克；长势较好的，用量可适当减少。如上次提苗或团棵肥施氮量较大，壮株催薯肥就应以磷、钾肥为主，氮肥为辅；不然要氮、钾肥并重，分别攻壮秧和催薯肥。基肥用量多的高产田可以不追肥，或单追钾肥。结薯开始时是调节肥、水、气三个环境因素的关键，施肥时结合灌水，施后及时中耕，用工经济，收效也大。

三是催薯肥，又叫长薯肥。在甘薯生长中期施用，能促使薯块持续膨大增重。一般以钾肥为主，施肥时期一般在栽后90~100天。追施钾肥，一是可使叶片中增加含钾量，能延长叶龄，加粗茎和叶柄，使之保持幼嫩状态；二是能提高光合效率，促进光合产物的运转；三是可使茎叶和薯块中的钾、氮比值增高，能促进薯块膨大。催薯肥如用硫酸钾，每亩施10千克；若用草木灰每亩施100~150千克。草木灰不能和氮、磷肥料混合，要分开施用。施肥时加水，可尽快发挥其肥效。

四是根外追肥。甘薯生长后期，根部的吸收能力减弱，可采用根外追肥，弥补矿质营养吸收的不足。此方法见效快，效果好。即在栽后90~140天，喷施磷钾肥，不但能增产，还能改进薯块质量。具体方法为：用2%～5%的过磷酸钙溶液，或1%磷酸钾溶液，或0.3%磷酸二氢钾溶液，或5%～10%过滤的草木灰溶液，在15时以后喷施，每亩喷液75～100千克。每隔15天喷1次，共喷2次。

（三）甘薯施肥注意事项

甘薯是忌氯作物，不能施用含有氯元素的肥料；碳酸氢铵不适宜撒施、面施，可制成混肥颗粒深施。另外，沙土地追肥适宜少量多次，若追肥次数减少，而每次用量可适当增多；水源充足、水分条件良好的条件下，应控制氮肥用量，以免引起茎叶徒长，影响薯块生长，否则将会减产，肥效不高。

第七节　葱蒜类

葱蒜类蔬菜是以幼嫩叶、假茎、鲜茎或花薹为食用产品的一类蔬菜，主要有大葱、洋葱、韭菜、大蒜等。此类蔬菜的适应性比较强，由于栽植密度大，根系入土浅、根群小、吸肥力弱，因此，要求肥水充足。

一、大　葱

（一）营养特点

大葱的根系为白色弦线状须根，粗度均匀，分生侧根少，吸肥力弱，但需肥量大、喜肥耐肥、耐旱不耐涝。对土壤要求不严格，但以土层深厚、排水良好、富含有机质的壤土为好，适宜的土壤pH值为7.0~7.4。

大葱需钾最多，氮次之，磷最少，对氮素比较敏感，施用氮肥有明显的增产效果。每生产1 000千克大葱需要吸收氮2.7~3.3千克、磷0.2~0.5千克、钾2.7~3.3千克。

（二）施肥技术

1. 基肥

定植前要施足基肥，一般每亩施腐熟的有机肥料 4 000~5 000 千克，过磷酸钙 50~70 千克，硫酸钾 15~20 千克。采用沟施或撒施的施用方法。

2. 追肥

大葱追肥应侧重葱白生长初期和生长盛期。

（1）葱白生长初期可根据土壤肥力和大葱的生长情况追肥 1~2 次。炎夏刚过，天气转凉，葱株生长加快，应追施一次攻叶肥。可追施尿素 15~20 千克，撒在垄背上，中耕混匀，而后浇水。处暑以后，天气晴朗、光照充足、气温适宜，进入管状叶生长盛期，每亩可撒施尿素 10~15 千克，硫酸钾 5 千克，然后破垄培土。

（2）葱白生长盛期是大葱产量形成的最快时期，需要大量的水分和养分，此时应追施 2~3 次攻棵肥。第一次追施尿素 10~15 千克，硫酸钾 5~10 千克，可撒施于葱行两侧，中耕后培土成垄，浇水。后两次追肥可在行间撒施尿素 8~10 千克，或硫酸铵 15~20 千克，浅中耕后浇水。

二、大 蒜

（一）营养特点

大蒜为二年生草本植物，根系为弦线状须根，属浅根性蔬菜，根系主要分布在 25 厘米以内的表土层内，横向分布 30 厘米。大蒜生育期分为萌芽期、幼苗期、鳞芽及花芽分化期、蒜薹伸长期、鳞芽膨大盛期。对养分的需求量随着植株生长量的增加而增加。随着蒜苗的生长，到鳞芽及花芽分化期植株吸收养分的数量迅速增加，逐渐达到了养分吸收的高峰，是大蒜生长发育的关键时期。蒜薹生长到鳞茎膨大时期，是大蒜营养生长和生殖生长并进、生长量最大的时期，根系生长和吸收能力都达到最大，是需肥量最大和施肥的关键时期。

大蒜对各种养分的需求以氮最多，每生产 1 000 千克大蒜需要吸收氮 4. 5~5. 0 千克、磷 0. 5~0. 6 千克、钾 3. 4~3. 9 千克。

（二）施肥技术

1. 基肥

基肥的用量为每亩施用 4 000~5 000 千克腐熟的农家有机肥料，根据土壤肥力状况配合施用过磷酸钙 20~30 千克，或复混肥 30~40 千克。

2. 追肥

追肥以氮肥为主，配合适量的磷钾肥。秋播的大蒜可根据土壤肥力状况和大蒜的生长情况追肥 2~3 次。

（1）越冬前或返青期追肥，主要是追催苗肥，前者主要目的是培育壮苗，后者是促进蒜苗返青后快速生长。可追施尿素 10~15 千克，硫酸钾 8~12 千克。

（2）蒜薹伸长期追肥，可追施尿素 15~20 千克，硫酸钾 5~10 千克。

（3）鳞茎膨大期追肥，视土壤肥力情况和大蒜的长势，确定追肥量，如果肥力不足，大蒜长势不强，应增施一次速效肥，如尿素 10~20 千克。

第五章　常见果树化肥减施增效技术

第一节　营养元素需求特点

果树是多年生的植物，果树栽植后，在一个地方定位生长几十年，每年都要生长大量的枝干和果实，对土壤中的养分消耗很大。生产实践证明，及时给果树施用必需的营养元素是提高果树产量和果实品质的重要措施。

一、幼年果树的需肥特点

对氮、磷、钾肥料都需要，尤其对氮、磷肥需求较多，磷对根系生长有积极促进作用。全年以施 3~4 次肥料为宜。

二、成年结果期果树的需肥特点

一是需要养分的数量大，种类多。每年采收果实、修剪树枝，带走了大量的养分，平衡供肥是保持树体营养的关键。二是随着树龄的增长，不仅对大量元素需求比例有变化，而且对中微量元素的需求更迫切，改土培肥尤为关键。三是全年对氮、钾需求数量多于磷，各生育阶段对氮、磷、钾的需求数量和比例不同。萌芽、开花、新枝生长需要较多的氮素。幼果期到膨果期需要充足的氮、磷、钾，尤其是氮和钾。果实采收后至落叶，是树体积累营养时期，积累营养的多少对来年萌芽开花影响较大。四是有明显的需肥高峰期。5—7 月是生长旺盛期，枝叶生长、花芽分化、开花结果、根系生长需消耗大量的营养物质。

第二节 果树化肥减施增效

一、苹 果

（一）苹果树施肥的原则

1. 有机与无机肥料配合施用

增施有机肥料是改良苹果园土壤物理结构和化学性质的基本措施。有机肥料的肥效缓慢而持久，化学肥料的肥效快而短暂，二者配合施用可互补长短、缓急相济，可在苹果的生长期实现其所需养分的平衡供应。

2. 氮磷钾、中、微量元素等配合施用

苹果树每年根、芽、枝、叶的生长与停长，花芽分化，开花结果，果实膨大与成熟等，都是按比例、有节奏地吸收各种营养元素。各种营养元素对苹果树的生长具有同等重要的作用，不可相互取代。因此，在增施有机肥深翻改土的基础上，还必须重视氮磷钾及中、微量元素等化肥的配合施用，注意多元复合或复混肥料的施用，协调好各种营养元素的比例，以满足苹果树优质高产的需要。目前在苹果生产上仍存在着重氮磷钾、轻镁钙及微量元素的倾向，这造成苹果树营养供应的不平衡，从而易引发缺素症。

3. 养分均衡供应发挥最大肥效

在年周期内，苹果树的根系开始恢复吸收功能，到萌芽、形成短枝、花芽分化，其所需的氮磷钾数量基本上呈不断增长的态势；在果实膨大期所需的氮磷钾数量也较多；而在果实膨大后对三者的需求量明显减少。苹果树的吸收根主要分布在深层土壤，故宜将磷钾肥、部分氮肥及有机肥料混合在一起作为基肥进行深施；部分氮磷钾、中量元素肥料在苹果树急需前另行土施或与微量元素一起进行叶面喷施，减少养分的流失，提高肥料的利用率。

（二）氮磷钾肥的合理用量与配比

1. 氮磷钾肥的合理用量

确定苹果树施肥量最简单的方法是以计划结果产量为基础，根据果树营养诊断的数据、土壤测试、立地条件、树势强弱、树龄、品种特性等进行综合调控。

山东省苹果园的施肥标准：每年生产 100 千克果实应施 0.7 千克氮、0.35 千克五氧化二磷、0.7 千克氧化钾、160 千克优质有机肥料。

日本长野县红富士施肥技术要点如下。

（1）根据树龄确定施肥量。一年生幼树每年株施 60 克氮、24 克五氧化二磷、48 克氧化钾。五年生初果期苹果树每年株施 300 克氮、120 克五氧化二磷、240 克氧化钾。十年至二十年生苹果树每年株施 600～1 200 克氮、240～480 克五氧化二磷、480～960 克氧化钾。

（2）根据土壤的质地和肥力水平确定施肥量。对于中等肥力水平的土壤，成龄园一般每年每公顷施 150 千克氮、49.5 千克五氧化二磷、120 千克氧化钾。久米靖穗（1986）在秋田县对红富士苹果的施肥试验结果表明，在土壤腐殖质少的第三纪残积土上每公顷年施 60 千克氮时，果实着色好，但个头稍差；年施 120 千克氮时，果实大，但着色不良。在腐殖质多的水积土上，降水量少的年份，每公顷年施 79.5 千克氮，果实的品质也可大致达到所要求的标准；但在降水多的年份，则表现出氮过剩。在土层深厚、含有较多腐殖质的冲积土上，每公顷年施 60～79.5 千克氮；在腐殖质含量少的残积土上，每公顷年施

79.5～100.5千克氮；对于沙质土壤，其有效土层浅，每公顷年施100.5～120千克氮比较合理。

（3）根据树势诊断确定施肥量。不同树势红富士的实际情况确定施肥量，在着色期，红富士对施肥非常敏感，要根据树势诊断进行施肥。对于山地苹果园，每公顷年施60～79.5千克氮，对于平地苹果园，每公顷年施55.5～60千克氮。如果树势强壮、生长旺盛，则必须限制肥料的施用数量，以保持果树养分供应的平衡和树势。如果树势特别强壮，则应禁止施肥。如树势中等，要在维持现有树势的前提下，适量施肥。如树势衰弱，则必须在施肥改土的同时，从疏花疏果及整型修剪等栽培措施入手，以调节并迅速恢复树势。

2. 氮磷钾三要素的配合比例

关于苹果树专用肥氮磷钾的配合比例，因果树的品种和栽培区条件而异。根据全国果树化肥试验网的资料，对于未结果的幼树，每年每株宜施0.10～0.25千克纯氮（N），施用纯氮、纯磷、纯钾的适宜比例（$N:P_2O_5:K_2O$）为1∶2∶1。对二年生苹果未结果树施用0.15千克纯氮（约折合0.33千克46%的尿素），应配合施用0.3千克的纯磷（折合1.7千克18%的过磷酸钙），0.15千克的纯钾（折合0.3千克50%的硫酸钾）；生长结果树（从开始结果至大量结果前的树）株施0.3～0.90千克氮，氮、五氧化二磷、氧化钾之比为1∶1∶1。假如对四年生结果初期苹果树施用0.5千克纯氮（折合46%尿素约为1.1千克），应配合施用纯磷0.5千克（折合18%过磷酸钙2.8千克），纯钾0.5千克（折合50%硫酸钾为1.0千克）；盛果期树（大量结果树）氮为1.0～1.5千克，氮、五氧化二磷、氧化钾之比为1∶0.5∶1。如果对十年生盛果期苹果树施用1.0千克纯氮（折合46%尿素约为2.2千克），应配合施0.5千克用纯磷（折合18%过磷酸钙为2.8千克）、1.0千克纯钾（折合50%硫酸钾为2.0千克）。在美国，氮、五氧化二磷、氧化钾=4∶4∶3；在俄罗斯，氮、五氧化二磷、氧化钾之比为1∶1∶1；在日本、朝鲜，氮、五氧化二磷、氧化钾之比为2∶1∶2；我国渤海湾苹果主栽区棕壤上幼龄树氮、五氧化二磷、氧化钾之比为2∶2∶1或1∶2∶1，结果树的比例为2∶1∶2。黄土高原苹果产区钙质土壤含磷不多，磷容易被固定住，因此施用磷肥会有很明显的增产作用，三要素的比例为1∶1∶1。研究还显示，不同苹果品种间的需肥有所不同。如红富士苹果需氮肥较少，氮肥用量和一般品种相较几乎能减少一半，不过其需要的磷肥较多。对短枝型的红星来说，因为其早果性和丰产性与普通型相比要好一些，因此早期需肥量较大，而且对氮、磷的需求比钾更迫切，施肥时要增加氮、磷的比例。

3. 氮磷钾三要素的施用时期

对苹果树进行施肥，通常分为基肥和追肥两种。具体施肥时间因施肥方法、树体生长结果状况及果树而异，在苹果树生长的不同时期，施肥的方法、比例、数量和种类也各不相同。在一个生长季（物候期）内，氮磷钾三要素肥料土施的次数不能太多，通常以3~4次为好。

（1）第一次基肥。最宜秋施，秋施基肥以中晚熟品种采收后、晚熟品种采收前为最好。有机肥料和氮磷钾肥混合均匀后当做基肥施用，能减少氮肥被淋溶和磷钾肥被固定，可被苹果树深层根系持久、稳定地吸收利用，也对苹果树生长前期养分的均衡供应有好处。

（2）第二次追施。促花肥萌芽期至开花前（约4月）进行追肥，能促使新梢生长，提高坐果率。

（3）第三次追施。促果肥花芽分化前（约6月中旬）作为追肥施用，可缓解花芽形成与幼果迅速膨大争肥的矛盾，有利于增加花芽分化的数量和提高花芽的质量，促进幼果的发育，有利于增加产量和提高果实品质。

（4）第四次追施。壮树肥在果实已基本形成和开始着色前（晚中熟品种和晚熟品种在 8 月中下旬）作为追肥进行施用，可防止叶片早衰，提高叶片的光合效能，促进果实着色，提高果实品质。

（5）施用氮、磷、钾肥的方法。如果每年施用 2 次氮、磷、钾肥，可将有机肥料与全年施用量的 1/3 氮肥、2/3 磷、钾肥混合均匀作为基肥施入；将 2/3 氮肥、1/3 磷、钾肥于花芽分化前作为追肥施入。如果每年施 3 次肥，可将有机肥料与 1/4 氮肥、2/4 磷、钾肥混合均匀作为基肥施入；将 1/2 氮肥、1/4 磷、钾肥于花芽分化前作为追肥施入；将 1/4 氮肥、1/4 磷、钾肥于果实已基本膨大或开始着色前作为追肥施入。在追肥时，挖放射状施肥沟，施肥量随树龄的增长由小增大，在距树干 15~30 厘米处，向外挖 4~6 条放射状施肥沟。沟长略超过树冠外缘，宽 20~40 厘米，深 10~30 厘米。施后最好灌水或在雨后施入。

二、梨　树

梨树吸收最多的养分是氮和钾，需硼量也较多，相对而言磷比较少。每生产 100 千克果实大概吸收 0.47 千克氮（N）、0.23 千克磷（P_2O_5）、0.48 千克钾（K_2O）。在氮、磷、钾这三种要素中，幼树对氮的需求相对较多，然后是钾，对磷的需求较少，大概是氮需求量的 1/5。梨树结果后，其吸收氮、钾的比例与幼树差不多，但对磷的吸收量有所增加，大概是氮吸收量的 1/3。梨树在新梢生长期和幼果膨大期对磷需求量最大，然后是果实的第二个膨大期，收获果实后需求量相对变少。梨树对磷的吸收较平衡。在结果期对钾需求最多。此外，梨树坐果后对钙较敏感，盛花后到成熟，钙的累积吸收量最大，如果此时梨树缺钙，易患苜蓿青、黑底木栓斑等病。在盛果期，梨树容易缺乏微量元素，要注意适当补充微量元素。

梨树要以施肥为主。与氮、磷、钾肥相配合多用有机肥。

有机肥不但有梨树生长需要的各类营养元素，还能改良土壤结构，使土壤保水能力变强，完善土壤通气情况，降低土壤根系生长的阻力，有利于梨树的生长发育。一般每亩施 3 000~5 000 千克优质厩肥。最好的基肥施用时间为秋季，早熟品种在果实采收后进行；中晚熟的品种可在果实采收前进行。可采用放射状沟施或环状沟施的方式。

在幼树时期，根据树体的大小，每年追施 5~10 千克/亩的纯氮，进入结果期后逐步增加至 15~20 千克/亩，个别需肥较多的品种可增至 25 千克/亩。梨树对钾的需求量与对氮的需求量基本相同，对磷的需求量则减半。追肥的施用时期因树势的不同而不同，一般在萌芽前、花期、果实膨大期进行。萌芽前肥，在萌芽前约 10 天，吸收根开始活动，相继花芽、叶芽、新梢、叶片生长、开花、坐果，需要很多氮素，此期追肥要以氮肥为主，追肥量要大些，追肥后灌溉。落花后正处于新梢由旺盛生长转慢至停止，花芽作分化前的营养准备，也是新旧营养交接的转换期，如果供肥不及时或供肥不足，容易影响花芽分化，引起生理落果。

此期应以施三要素肥或多元素复合肥为好。果实膨大肥，7—8 月是梨果迅速膨大期，此期应以钾肥为主，配以氮、磷肥，可增加果品的产量，提高果品的品质，并可促进花芽的分化。

根据树的大小确定追肥方法，对于较小的树体，一般采用环状施肥的方法，施肥的位置以树冠外围 0.5~2.5 厘米为宜，开 20~40 厘米宽、20~30 厘米深的沟，将土壤与肥料适度混合后施入沟内，然后将沟填平。对于成年梨树，最好对全园进行施肥，结合中耕将肥料翻入土中。由于梨树的根系主要集中在土层的 20~60 厘米范围内，且根系的生长有明显的趋肥性，对于磷、钾肥和有机肥，最好施入深 20~40 厘米的土壤深层，以增加根系分布的广度和深度，增强梨树对养分的吸收能力，提高其抗旱能力。

另外，还能进行根外追肥。根外追肥又叫叶面喷肥，可用

0.3%的尿素，从春到秋都能喷用，也可将喷药中加入尿素。其次是在生理落果后至采收期喷浓度为0.3%~0.5%的磷酸二氢钾2~3次。为增加效果，最好在无风的晴天进行早晚喷肥，不要在中午喷肥，以防高温引起肥害。

如果梨树轻度缺硼，可在盛花期喷施1次浓度为0.3%~0.4%的硼砂水溶液。对于严重缺硼的土壤，可于萌动前每株果树土施硼砂100~250克，有效期可达3~5年，如再于盛花期喷施0.3%~0.4%的硼砂水溶液1次，则会收到更好的效果。

如果梨树缺锌，可在发病后将0.2%的硫酸锌和0.3%~0.5%的尿素混合液及时进行喷施，也可在春季梨树落花后3周喷施，或在发芽前用6%~8%的硫酸锌水溶液喷施，能有一定的预防作用。对土壤施用硫酸锌的效果较差，大量施用有机肥在一定程度上能减少缺锌症的发生。

如果梨树缺铁，则其叶片失绿黄化，在目前常用的解决方法中，效果较好的有：土施，多用“局部富铁法”，即将硫酸亚铁与硫酸铵和饼肥（棉籽饼、花生饼、豆饼）、硫酸铵按1∶1∶4的重量比混合，在果树萌芽前作为基肥集中施入根系较多的土层中，依据果树的大小和叶片黄化的程度，控制每株梨树的施用量在3~10千克。通常对叶面直接喷施硫酸亚铁的效果不佳，用黄腐酸铁与尿素的混合液喷施矫治梨树叶片黄化的效果较好，但其有效期较短；也可使用0.3%硫酸亚铁、0.5%尿素，在果树生长旺季每周喷施1次。如果有条件，也可用强力树干注射剂进行硫酸亚铁的木质部注射，效果不错，施用量也不多，通常仅约为土施的1%，不过该方法只适用于成年果树，注射的剂量范围不宽，如果施用不当，易对梨树的正常生长产生影响。

三、桃

（一）基肥的施用

根据桃树不同品种的差异，施肥时间最好在果实采摘后尽快施入，如当时不能及时施肥，也可在桃树落叶前 1 个月左右施入。桃树的基肥以秋施为好。可于桃树落叶前后结合秋翻施入，可在树下开深 40 厘米的条沟或放射沟施入。

在基肥的施用中，最好以有机肥为主。有机肥用量较少的情况下，氮肥用量可根据树龄的大小和桃树的长势，以及土壤的肥沃程度灵活确定。一般基肥中氮肥的施用量占年总施肥量的 40%~60%，每株成年桃树的施肥量折合纯氮为 0.3~0.6 千克（相当于碳酸氢铵 1.7~3.4 千克或尿素 0.6~1.3 千克或硝酸铵 0.9~1.9 千克）。一般磷肥主要作基肥施用，如果同时施入较多的有机肥，每株折合纯五氧化二磷为 0.3~0.5 千克（相当于含磷量 15%的过磷酸钙 2~3.3 千克或含磷量 40%的磷酸铵 0.75~1.25 千克）。一般基肥中的钾肥施用量折合纯氧化钾为 0.25~0.5 千克（相当于含氧化钾量 50%的硫酸钾 0.5~1 千克或含氧化钾量 60%的氯化钾 0.4~0.8 千克）。注意施肥时不要靠树体太近，施肥时要适当与土壤混合，以免造成烧根。土壤含水量较多、土壤质地较黏重、树龄较大、树势较弱的桃树，在施用有机肥较少的情况下，施肥量可取高量；反之则应减少用量。

（二）促花肥的施用

促花肥多在早春后开花前施用，施用的肥料以氮肥为主，约占年施肥量的 10%左右，多结合开春后的灌水同时进行，每亩的氮肥用量以纯氮计为 2~5 千克（合尿素为 4.3~10.9 千克或碳酸氢铵 11~28.6 千克）。若基肥的施用量较高或冬季施用基肥，则促花肥可不施或少施。

（三）坐果肥的施用

坐果肥多在开花之后至果实核硬化前施用，主要是提高坐果率、改善树体营养、促进果实前期的快速生长。施肥以氮肥为主，配合少量的磷钾肥。用量占年施用量的 10%左右，每亩的氮肥用量以纯氮计为 2~5 千克（合尿素 4.3~10.9 千克或碳酸氢铵 11~28.6 千克）。

（四）果实膨大肥的施用

果实膨大肥在果实再次进入快速生长期之后施用，中晚熟品种的果实膨大期与花芽分化期基本吻合，此时追肥对促进果实的快速生长，促进花芽分化，为来年生产打好基础具有重要意义。果实膨大肥以氮钾肥为主，根据土壤的供磷情况可适当配施一定量的磷肥。施肥用量占年施用量的 20%~30%，每亩的氮肥用量以纯氮计为 4~10 千克（合尿素 8.6~20.8 千克或碳酸氢铵 22~57.5 千克）；钾肥每亩施用量以氧化钾计为 6~15 千克（合含氧化钾量为 50%的硫酸钾 12~30 千克或含氧化钾量为 60%的氯化钾 10~25 千克）。根据需要可配施含五氧化二磷 14%~16%的过磷酸钙 10~30 千克。

桃树对微量元素肥料的需要量较少，主要靠有机肥和土壤提供，如有机肥施用较多，可不施或少施；有机肥施用较少的可适当施用微量元素肥料。实际的微肥用量以具体的肥料计作基肥施用为：硼砂亩用量 0.25~0.5 千克，硫酸锌亩用量 2~4 千克，硫酸锰亩用量 1~2 千克，硫酸亚铁亩用量 5~10 千克（应配合优质的有机肥一起施用，用量比为有机肥与铁肥 5∶1），微肥也可进行叶面喷施，喷施的浓度根据叶的老化程度控制在 0.1%~0.5%，叶嫩时宜稀，叶较老时可浓一些。

四、枣

枣树为落叶灌木或乔木，我国栽培范围极广，北至辽宁的锦州、北镇一带，以山东、河北、山西、陕西、甘肃、安徽、浙江产量最多。著名品种有金丝小枣，果实小，含糖量多，产于山东乐陵、河北沧县、北京密云等地。晋枣，又名“吊枣”，主产陕西彬县。江苏的泗洪大枣，果型最大。大枣最突出的特点是维生素含量高，有“天然维生素丸”的美誉。

枣树喜温、喜光、耐旱、抗涝，对土壤适应性强，不论沙土、黏土、低凹盐碱地、山丘地均能适应，高山区也能栽培。对土壤酸碱性要求也不甚严，pH 值 5.5~8.5 均能生长良好。但以土层深厚、肥沃、疏松土壤为好。枣树施肥应根据生长周期进行，即把握好施肥时期，才能及时发挥肥效，有利于吸收，促进生长，提高产量和品质。

（一）枣树的需肥特性

枣树生长需要的营养元素有碳、氢、氧、氮、磷、钾、钙、镁、硼、铁、铜等 16 种营养元素，其中，碳、氢、氧是从空气中吸收，其余元素均不同程度地需要施肥来满足枣树正常生长的需要。枣树各个生长时期所需养分不同，从萌芽到开花期对氮的吸收较多，供氮不足时影响前期枝叶和花蕾生长发育；开花期对氮、磷、钾的吸收增多；幼果期是枣树根系生长高峰时期，果实膨大期是枣树对养分吸收的高峰期，养分不足，果实生长受到抑制，会发生严重落果；果实成熟至落叶前，树体主要进行养分的积累和贮存，根系对养分的吸收减少，但仍需要吸收一定量的养分。为减缓叶片组织的衰老过程，提高后期光合作用，可喷施含尿素的叶面肥，此外，在施肥过程中要注意氮、磷、钾三要素与中、微量元素之间的配比，因为营养元素之间存在相互抑制作用，如过量钾不利于钙的吸收，即过量钾很容易引起枣树缺钙症。

每生产 1 000 千克鲜枣，枣树需氮（N）15 千克、磷（P_2O_5）10 千克、钾（K_2O）13 千克，对氮、磷、钾的吸收比例为 1∶0.67∶0.87。

（二）枣树的减施增效技术

1. 基肥

基肥是一年中长期供应枣树生长与结果的基础肥料，在秋季枣树落叶前后施基肥为好。施肥量一般占全年施肥量的50%~70%，间作枣园每棵枣树施有机肥150~250千克和枣树专用肥2~3千克。混匀后施入枣树根系附近的土壤，密植园或专用枣园每棵枣树施有机肥60~120千克和枣树专用肥2~3千克，混匀后施入枣树根系附近的土壤，施肥方法以沟施、环状沟施、放射状沟施均可。

环状沟施法适宜于幼树，即于树冠外围挖宽和深各40厘米左右的环形沟，将肥料与挖出的土混匀后施入沟内，用土覆盖后浇水。

放射状沟施肥法即在树冠下从树干到外围挖6~8条放射状施肥沟，挖宽和深各40厘米左右，将肥料施入沟内，混入表土，然后浇水。

沟状施肥法适宜于成龄树，即在树冠下、株间和靠近行间的两侧，挖宽和深各40厘米左右的沟，沟内施入肥料，混入表土后浇水。

全园撒施法是根据枣树水平根发达的特点，结合间作农作物施肥，将肥料均匀撒于树冠下和行间，然后翻耕，此法只能作为辅助性的施肥措施。

2. 追肥

（1）萌芽肥。在萌芽前7~10天施入，主要以氮为主，成龄结果树每株施0.5~1.0千克尿素，并配一定数量的磷、钾肥和硼肥，以利于提高开花坐果率，对提高产量和品质是十分必要的。

（2）花前肥。在枣树开花前施入，成龄枣树每株施枣树专用肥1千克左右或硫酸铵0.3~0.5千克，过磷酸钙0.5~1千克。

（3）幼果肥。以磷、钾肥为主，枣树进入幼果期成龄结枣树每株施 1.5～2.5 千克或 40%氮、磷、钾复合肥 1.5～2.5 千克，以促进果实膨大，提高产量和品质。

果实采收后，追施速效氮以迅速恢复树势，有利于翌年生长。果实采收后喷 0.5%的尿素和 0.2%的磷酸二氢钾溶液，也可收到同样的效果。

追肥可采用环状沟、短条状沟、穴施等方法，施入土壤 10～15 厘米，注意将肥料与土混匀，施后覆土，旱时应配合浇水。

3. 根外追肥

即叶面喷施，一般喷施含尿素、磷酸二氢钾及硼、铜、锰等微量元素的叶面肥，在果实膨大期每 7～10 天喷施 1 次，对提高产量和品质有明显效果。

五、李

李树是蔷薇科李属，为多年生木本植物，在我国栽培分布很广。李子鲜艳美观，富香味，酸甜可口，营养丰富。每 100 克果肉中含碳水化合物 7～17 克、果酸 0.16～2.29 克、蛋白质 0.5 克、脂肪 0.2 克、胡萝卜素 0.11 毫克、维生素 C 1 毫克、钙 17 毫克、磷 20 毫克、铁 0.5 毫克，还有维生素 B_1、维生素 B_2、盐酸等。可供鲜食，还可加工成果脯、果酱、罐头、果酒等。

李树的根系为浅根系，大部分是吸收根，多分布在 20～40 厘米的土层内，水平根的分布范围通常比冠径大 1.2 倍。具体分布范围与品种、环境条件关系较大，如在土层深厚的沙土地，垂直根系可达 6 米以上。

树体营养物质的积累与根系活动密切相关，而根系受地上部分各器官活动的制约，因此根系多呈波浪式生长。一般幼树在全年之内出现 3 次发根高峰。春季随着土壤温度上升，根系利用树体内的贮藏营养开始生长，一般在 4 月中下旬出现第一次生长高峰。随着地上部抽枝开花，新梢开始迅速生长，养分集中供应地上部，根系生长转入低潮。当新梢生长缓慢，果实又进入迅速膨大期时，根系利用当年叶片制造的营养以及根系吸收的水分和各种矿质元素开始第二次旺盛生长，此期一般在6月下旬至7月上旬。以后果实迅速膨大、花芽分化和新梢生长三者处于养分竞争时期，再加之土壤温度过高，根系活动又转入低潮。8月下旬以后，随着土壤温度的降低、降雨的增多和土壤湿度的增大，根系又出现第三次生长高峰，一直延续到土壤温度下降时，才被迫休眠。

成龄李树，全年只有2次发根高峰，春季根系活动后，生长缓慢，直到新梢生长快要结束时，形成第一次发根高峰，这是全年的主要发根季节，到了秋季，出现第二次发根高峰。

（一）李树的需肥特性

李树与其他果树一样，正常生长发育必需的营养元素有16种，从土壤中吸收氮、磷、钾最多。在李树生长发育各时期需钾量最多，氮次之，磷最少。在不同的生育时期，李树对各种营养元素的需要量也有不同。李树对氮元素非常敏感，缺少时李树生长量大大减少，当氮量过多时，造成枝叶繁茂，果实着色推迟。钾元素充足时果实个大，含糖量高，风味浓香，色泽鲜艳。李树生长前期需氮较多，开花坐果后适当施磷、钾肥，果实膨大期以钾、磷养分为主，特别是钾，适当配施氮肥，果实采收后，新梢又一次生长，应适量施用氮肥，以延长叶的功能期，增加树体养分的贮存和积累。据研究，每生产1 000千克李子鲜果，需氮（N）1.5~1.8千克、磷（P_2O_5）0.2~0.3千克、钾（K_2O）3~7.6千克，对氮、磷、钾的吸收比例约为1∶0.25∶3.21。

（二）李树的减施增效技术

1. 李树的施肥量

李树的施肥量主要根据树体的大小确定。定植的一年生小树，每年分春秋两次施入50千克左右基肥，追施0.1千克的复合肥，以后逐年增加。待果树开花结果后每株可秋施 50 千克左右的有机肥，在花前或幼果膨大期追施氮、磷、钾等复合肥 0.5~1 千克。

2. 李树的施肥技术

（1）基肥。基肥是较长时期提供给果树养分的基本肥料。秋施基肥比春施好，早秋比晚秋或冬施好。一般在 8 月下旬至 9 月施用，基肥以有机肥为主、无机肥料为辅。每棵产 50 千克以上的盛果期树，施腐熟的有机肥 150~200 千克和李树专用肥 3~4 千克或硫酸钾 0.5~1 千克、尿素 0.5~1 千克、过磷酸钙 2~3 千克代替专用肥。为下一年开花结果打下基础。施肥可采用环状沟、短条沟或放射沟等方法，沟深 50 厘米左右，注意土肥混匀，施后覆土。成年树也可采用全园撒施、施后翻耕的方法。

（2）追肥。由于基肥多为长效型肥料，发挥肥效平稳而缓慢，当果树需肥急迫时期，必须及时补充肥料。所以，追肥又称补肥。追肥的时期和次数与气候、土质、树龄以及当年预计产量等有关。李树常用的追肥时期有花前肥、花后肥、果实硬核肥等。

①花前肥（萌芽肥）。传统生产中十分重视花前肥，但往往将基肥与开花前的追肥——花前肥合并进行施用，即基肥在 9 月施用的前提下，视当年的产量、树势于花前 20 天追加少量的速效肥。李树要在萌芽前 7~10 天（4 月上旬）施肥，株施专用肥 0.5~1 千克或尿素 0.3~0.5 千克和硫酸钾 0.5~1 千克或 25 千克腐熟的人粪尿。

②花后肥。应在花后 7 天内施用，盛果期李树每棵施李树专用肥 1~1.5 千克，生物有机肥 20 千克或尿素 0.2~0.4 千克和硫酸钾 0.5~1 千克。

③果实硬核肥。应在果实硬核期施入，盛果期李树每棵施李树专用肥 1.5~2 千克、生物有机肥 20~30 千克或硫酸钾 0.4~0.6 千克、过磷酸钙 0.5~1 千克、尿素 0.1~0.2 千克。

施肥方法可采用环状沟、放射沟等方法，沟深 15~20 厘米，注意每次施肥要错开位置，以利提高肥料利用率。

（3）根外追肥。即叶面喷肥，根据树体营养情况，结合喷药或单行喷施，一般在果实膨大期喷施叶面肥，每 10 天左右 1 次，可增强李树抗病性，对提高品质和产量有较好的效果。

六、樱　桃

樱桃的根系较浅，特别是山丘地栽植的草樱桃为砧木的樱桃树，根系在土层中的分布只有 20~30 厘米，抗旱、抗风能力差。适宜在土层深厚、透气性好、保水力较强的沙壤土和沙质壤土上栽培。适宜的土壤 pH 值为 6.0~7.5。

（一）樱桃的营养

樱桃具有树体生长迅速、发育阶段明显而集中的特点。尤其是结果树，展叶抽枝和开花结果都在生长季的前半期，从开花到果实成熟仅需 45 天左右，花芽分化又集中在采果后 1~2 个月的时间里。具有生长迅速、需肥集中的特点。因此樱桃越冬期间储藏养分的多少、生长结实和花芽分化期间的营养水平高低，对壮树、丰产有着重大影响。

樱桃生长年周期中，有利用储藏营养为主和利用当年制造营养为主两个营养阶段。利用储藏营养为主的生长阶段大约从春季萌芽到春梢生长变缓为止，是樱桃生长发育极为集中的时期。幼树约在 6 月下旬，盛果树约在果实采收以前，这期间主要有根系的生长、萌芽、开花、坐果、新梢生长、幼果发育，其中，果实的发育和新梢生长之间的营养竞争十分突出。因此，通过秋施基肥增加树体越冬前的储藏营养是樱桃施肥技术的重要内容。

以利用当年制造营养为主的营养阶段大约是从春梢生长变缓到树体落叶休眠为止，此阶段经历花芽分化、果实速长及营养回流储藏等过程。因此，应重视采果后花芽分化期间施肥，特别是花芽分化前 1 个月适量施用氮肥，能够促进花芽分化和提高花芽发育。

（二）樱桃施肥技术

取土测定土壤养分状况，根据土壤肥力应用减施增效技术确定施肥量和施肥方法，或采用下面推荐施肥量与施肥技术。樱桃的施肥时期、施肥量和施肥方法，因树势、树龄和结果量而不同。烟台樱桃产区，对幼树和初果树一般不追肥，结果树一般施肥3次，即冬春基肥、花果期追肥和采后补肥。

1. 基肥

基肥一般在秋冬季早施为宜，有利于提高树体储藏营养水平，促使花芽发育充实，增强抵抗霜冻的能力。基肥以有机肥料为主，如人粪尿、厩肥、堆沤肥、鸡粪、豆饼等。根据烟台樱桃产区总结多年的施肥经验，幼树和初果期树每棵施用人粪尿30~50千克，或厩肥50~60千克；结果大树每棵施人粪尿60~80千克，或施厩肥60~80千克。人粪尿采用放射状沟施或开大穴施用；猪圈肥结合土壤深耕进行或行间开沟深施，深度50厘米左右。

2. 追肥

（1）花果期追肥。此次追肥在花谢后，目的是提高坐果率和供给果实发育、新梢生长的需要，同时促进果实膨大。结果大树株施复合肥1~2千克，或株施人粪尿30千克，开沟追施，施后灌水。

（2）采后补肥。果实采收后追肥是一次关键性的施肥，是樱桃周年发育的一个重要转折时期。此时补充养分对促进花芽分化、增加营养积累和维持树势健壮具有重要的意义。成龄大树每株施复合肥1~1.5千克，或人粪尿70千克，或腐熟的厩肥100千克；初果期果树每株施磷酸二铵0.5千克左右。

（3）根外追肥。春季萌芽前枝干喷施2%~3%的尿素溶液可弥补树体储藏营养的不足，花期喷0.3%的尿素、600倍磷酸二氢钾和0.3%硼砂溶液可明显提高坐果率。

七、葡　萄

（一）葡萄的营养特性

葡萄作为分布最广、种植最早的一种果树，在我国，主要分布在黄海、淮海、西北、华北和东北地区，华南地区也有种植。葡萄为喜光的落叶多年生攀缘植物，当光照充足时，叶子就会有较强的同化能力和较高的光合作用率，从而就能保证果实含较高的糖，食性佳、高产。

葡萄不太抗寒，属喜温果树。温度低于10℃时，葡萄基本不生长，其最适生长温度为高于18℃。萌芽期需温不高，是10~12℃；花芽分化期对温度有较高的要求，最适温度在25~30℃，假如温度在以下，则葡萄的正常开花将受影响；成熟期的适宜温度是28~32℃，如果温度在15℃以下，果实就无法彻底成熟。而葡萄在冬天温度不高的地区越冬的时候，要注意避免发生冻害，尤其是葡萄根系的抗寒性不佳，通常约在-10℃时，有些品种就会受冻，要特别保护。为了使葡萄的耐寒性变强，在生产上常用野生山葡萄或耐寒品种当作砧木完成嫁接工作。

葡萄忌湿喜干，通常在年降水量为600~800毫米的地方发展葡萄产业最为合适。不过我国主要生产葡萄的地区，其雨季大多在在夏、秋之间，这时气温较高，大多果实处于浆果成熟期，容易发生裂果或别的病害，导致葡萄的产量和品质下降。降水量不多、有条件灌溉、有深厚土层的地方比较适宜种植葡萄，如我国的黄土高原以及吐鲁番等。

葡萄对土壤有很强的适应性，除非含盐多，在其他土壤中均能生长，就算是在半风化的含有较多沙砾的粗骨土上，葡萄仍可正常生长。即使葡萄有较强适应性，但品种不同，对土壤酸碱度会有不同的适应性。通常欧洲品种在石灰性的土壤上生长较好，根系发达，果实多糖、食性佳；在酸性土中则长势不好。欧美杂交种和美洲种却对酸性土壤比较适应，而不适合在石灰性土上生长。另外，因为山坡地透光通风，常常比平原地区的葡萄产量多、质量好。

葡萄属蔓性果树，生长势强、极性强烈，营养器官迅速生长，根比较发达。繁殖方法不同，葡萄根系的分布也会相应不同。通常用扦插繁殖的植株，只有粗壮的骨干根和分生的侧根及细根，无主根。如果是在有深厚土层的土中，葡萄根系会广泛分布，深度有 2~3 米，所以其有一定的抗旱性。葡萄根是肉质根，能贮存很多养分。假如土温合适，葡萄地上的部分还没有萌发，其根系就开始吸收营养，枝蔓的新鲜剪口会有流液。通常葡萄的根系 1 年内在春、夏以及秋季各有 1 次生根高峰，假如有合适的土温，根系就可不休眠而进行周年生长。

与别的果树一样，葡萄也需要氮、磷、钾、硼、镁、钙等营养元素，但其对养分的需求也有自己的特性。

葡萄的早期分产性能佳，通常情况下，假如有肥沃的土壤，于定植次年就能开花结果，第三年就能进入丰产期。因为葡萄是深根性植物，无主根，主要是数量庞大的侧根能使葡萄较好地进入丰产期，故施肥的关键是使葡萄根系变得发达。调查显示，施肥的关键是在未种植时深翻施肥改土，使中深土层的养分增加。

研究显示，葡萄树每生产 100 千克果实，就要从土里吸收 0.3~0.6 千克氮素、0.1~0.3 千克五氧化二磷以及 0.3~0.7 千克氧化钾。

葡萄容易患下列缺素症。

一是缺镁症。叶肉呈块状或线条状失绿，幼叶有助果状隆起，慢慢延伸到叶身中部；顺着主脉朝叶身基部留有一个“人”字形失绿区，其余区域呈现灰绿色或黄色；结味淡、稍有苦味的小实。

二是缺铁症。幼叶变黄，不过叶脉为绿色，能保持很久，有很清楚的脉纹，叶柄基部有紫色或红褐色斑点，还会出现坏死，叶薄而小，叶肉从黄色变为黄白色，后变成乳白色，另外还会有网状细脉出现，随病情加重叶脉失色，变成黄色。叶子上有棕色枯斑，还会出现枯顶现象。

三是缺硼症。枝顶部长簇生小叶，新梢生长点自剪脱落或干枯而死，侧芽发生后很快就会死亡，初期叶脉变黄。

四是缺铜症。叶子经常出现“叶疹症”，开始发病时叶色暗绿，随后有斑点状缺绿，直到叶坏死或叶尖死亡，叶缘焦枯，有时叶面上会有与叶缘平行的橙褐色条纹；树皮变糙，有时会有树胶从树体出现的裂口中流出来。

五是缺锌症。有丛生小叶，节间短，叶片大小不到正常叶的 1/2，叶缘皱缩向下卷曲或卷曲呈波状，新梢纤细，生长畸形，自枯死亡。

六是缺钾症。叶条纤细，重症者枯萎死亡，叶肉缩皱缺绿，叶缘卷缩，最终枯焦，延缓落叶；结着色很差的小果，有严重的落果现象。

七是缺钙症。幼嫩器官（茎尖、根尖等）易腐烂坏死；幼叶失绿，叶片卷曲，叶边皱缩，叶子经常有破裂或斑点；向阳的果实为黄色，皮孔四周有白色晕环，萼洼至梗洼纵裂，结有发绵的小果实。

（二）不同时期施肥的方法

1. 基肥

葡萄园施肥中最重要的一环是基肥的施用。在秋天施入基肥，从葡萄采收后到土壤封冻前都能施用。不过生产实践显示，秋施基肥越早越好。一般在葡萄采收后立即施入腐熟的有机肥（堆肥、厩肥等），还要将一些速效性化肥加进去，如硫酸钾、尿素、过磷酸钙和硝酸铵等。施用基肥对花芽分化、促进根系吸收及恢复树势有很多好处。

基肥的施用方法有沟施和全园撒施，对于棚架葡萄，要尽量撒施，然后再用犁或铁锹翻埋肥料。撒施肥料往往会使葡萄根系上浮，所以要将撒施改为穴施或沟施。对于篱架葡萄，多使用的方式是沟施。在离植株50厘米的地方开宽40厘米、深50厘米的沟，每株施150克尿素、250克过磷酸钙、25~50千克腐熟有机肥，将沟按照一层肥料一层土的顺序填满。为了减少工作量，施用隔行开沟施肥法也可以，就是指第一年在奇数行挖沟施肥，第二年在偶数行挖沟施肥，轮流沟施，使得全园土壤实现深翻和改良。

施用基肥的量为全年总施肥量的50%~60%。通常对于丰产稳产的葡萄园，每亩施5 000千克土杂肥（折合氮12.5~15千克/亩、磷10~12.5千克/亩、钾10~15千克/亩，氮、磷、钾的比例为1∶0.5∶1）。农民将其总结成“一千克果五千克肥”。

2. 追肥

在葡萄的生长季节进行，通常丰产园每年要追3次肥。

在早春芽开始膨大时进行首次追肥。此时，花芽正在继续分化，新梢就要旺盛地生长，需要很多氮素，宜将腐熟的人粪尿与尿素或硝酸铵混掺施入，施用量为全年用量的10%~15%。

第二次追肥在谢花后幼果膨大期进行，这次追肥以氮肥为主，与磷、钾肥结合施入。这次追肥不仅可以加速幼果膨大，还对花芽的分化有好处。此阶段为葡萄的生长旺期，同时也决定了翌年的产量，又叫作“水肥临界期”。一定要管好葡萄园的水肥，该时期追肥以施草木灰、尿素或腐熟的人尿粪等速效肥为主，施肥量为全年总量的20%~30%。

第三次追肥在果实的着色初期进行，这次追肥以磷、钾肥为主，施肥量约为全年总量的10%。

可在雨天或结合灌水直接将追肥施到植株根部的土壤中。此外，还能根外追施，就是将无机肥对水溶液喷在植株上，使叶片更好地吸收。根外追肥也可与防治病虫害喷药结合一起喷洒，以便节省劳力。

现代化葡萄施肥依靠的主要是判断分析叶片内的矿物质元素，如果葡萄的叶子中某种元素比适用范围的下限还要低，就要适量补充该种元素。

3. 根外追肥

根外追肥是将液体肥料喷于叶面上，来快速供应葡萄生长需要的养分，现如今，已经十分广泛地应用于葡萄园的管理上。在生长的不同时期，葡萄对营养需求种类也不一样，通常在新梢生长期喷0.3%~0.4%硝酸铵溶液或0.2%~0.3%尿素，以促进新梢的生长；在开花前及盛花期喷0.1%~0.3%硼砂溶液可使坐果率提高，在浆果成熟前喷1%~3%过磷酸钙溶液、2~3次0.5%~1%磷酸二氢钾或3%草木灰浸出液，能明显提高葡萄的产量和品质。在树体出现缺锌或缺铁症状时，也可以喷施0.3%硫酸锌或0.3%硫酸亚铁，不过当使用硫酸盐进行根外追施时，为避免药害，应注意加入等浓度石灰。近来，为了使鲜食葡萄的耐贮藏性提高，于采收前1个月内可连续2次根外喷施1.5%醋酸钙溶液或1%硝酸钙溶液，这样可明显增强葡萄的耐贮运性。

需要注意的是，根外追肥只是一种补充葡萄植株营养的方法，其无法替代基肥。假如想使葡萄生长得健壮，一定要常年做好施肥工作，特别是万万不可忽视基肥的施用。

（三）不同肥料的施用

1. 氮肥的施用

氮是葡萄需求较多的一种营养元素，每产100千克葡萄浆果，就要吸收0.3~0.6千克氮素。葡萄树的生长发育受氮肥的影响非常大。在一个范围适量多用氮肥，有助于促使葡萄树枝叶数量的增加，有助于葡萄树势的增强，有助于树体的生殖生长以及营养生长的协调，对副梢萌发有促进作用，对实现葡萄的多次开花结实有帮助，有助于提高其产量。不过假如施用太多氮肥，就会使枝叶徒长，造成大量落果，使产量减少，此外还会降低其新生枝条及根系的木质化程度，降低其越冬能力。

因为养分流失以及土壤的固定，有些肥料无法被根吸收和利用，所以，在生产过程中，通常施12~18千克/亩的氮肥。施肥要以基肥为主，施用量是全年施用总量的40%~60%。最好在采果后立即施入，此时根系还处于生长的第二个高峰期，叶子还没有掉落，施入肥料后根系就会吸收一部分，参与代谢，合成很多有机营养，使树体营养的贮存量得到提升，这对促进花芽的分化、恢复树势的作用非常明显。通常追肥在发芽前、开花前后、浆果初着色时进行。

（1）发芽之前追施氮肥针对的主要是没有用过基肥的葡萄树，会有助于促进花穗和枝叶发育，还能扩大叶面积。

（2）对于有较多花穗的葡萄树，为了减少落花、增大果穗，可以在开花前增用氮肥且配上一定量的磷、钾肥，用量约为年施用量的1/5。

（3）开花后，当果实长到绿豆大时，增施氮肥可以协调枝叶生长、促进果实发育。根据葡萄的长势决定施用量，如果长势较旺，宜少施；如果长势较差，应多施。通常为年施用量的1/10~1/5。

（4）果实初着色时，可以适量增施一点氮肥，并与磷、钾肥相配合，来使浆果快速增大、提高含糖量，增加果实色泽，改善果实的内外品质。以施用磷肥、钾肥为主，此时氮肥的用量大概是年用量的1/10。

2. 磷、钾肥的施用

葡萄树需磷量不多，通常每产100千克浆果要吸收0.1~0.3千克磷素。因为土壤的固定等因素，葡萄树利用磷肥的效率不高，在实际生产中，磷肥施用量比上述要多一些，通常对于丰产葡萄园，年施五氧化二磷 10~15 千克/亩，相当于 70~110 千克含磷量为 14%的过磷酸钙。在实际施用中，磷肥主要是基肥，通常为年用量的 60%~70%，要在采果后尽快施用，这是由于此时葡萄根系还处于第二个生长高峰期，葡萄吸收了施入的磷肥后，参与代谢，合成很多有机营养，能使树体营养的贮藏量变多。这不但能促进花芽的分化、恢复树势，还能使葡萄的抗冻力得到提升。剩下的磷肥当作追肥，于开花前期、幼果初生长期、浆果初着色期与氮、钾肥配合施用，其中，在浆果初着色期，磷肥的追施量要占磷肥年施用总量的 1/5，其他两期约占 1/10。

葡萄需钾量比较大，每产 100 千克葡萄浆果会吸收钾素 0.3~0.7 千克。钾供给充足能使葡萄的含糖量得到提高，对浆果着色有促进作用。通常对于丰产葡萄园而言，年施 15~22 千克/亩的钾肥，相当于施入 30~40 千克含钾量为 50%的硫酸钾。以基肥为主施用钾肥，约为年施用总量的 1/3。主要在浆果初着色初期追施，为年施用总量的 1/3；在其他两个时期，追施量分别约为年施用总量的 1/6。注意配合施用氮、磷肥。

3. 施用硼肥、锌肥、铁肥

对葡萄施用硼肥能使其坐果率升高，对植株的营养状况有改善作用，有增产作用。若是在秋季对缺硼土壤施用基肥，每亩施用 0.5~1 千克硼砂。也可在葡萄花开之前喷施 0.05%~0.1%硼砂水溶液。

如果葡萄缺锌，则其叶片会缩小，新梢节间会变短，果穗形成许多无核小果，使产量明显减少。预防葡萄缺锌的方法是，在冬剪后将 10%的硫酸锌溶液抹在剪口处；或者在开花前 2~3 周、开花后 3~5 周用 0.2%~0.3%硫酸锌溶液各喷施 1 次。对已有缺锌症状的葡萄，要马上喷施 0.2%~0.3%硫酸锌溶液，通常要喷施 2~3 次，中间有 1~2 周的间隔。

葡萄在石灰性土壤中与在含少量有效铁的其他土壤中也很容易出现缺铁性叶片黄化，这个情形不但对葡萄长势不利，而且会降低葡萄的品质及产量。因为在土壤中施入硫酸亚铁后很快就能转化为果树无法吸收的形态，因此单施硫酸亚铁，效果不佳，最佳方法是将铁的螯合物施到田中。不过其价格不低，而且很难买到。效果较好的方法是按 1∶4∶1 的重量比将硫酸亚铁与饼肥（棉籽饼、花生饼、豆饼）、硫酸铵混合，然后，将其集中施在葡萄毛细根较多的土层里，在春季萌芽前施入有较好的作用。或者在葡萄的生长中喷施 0.5%尿素水溶液与 0.3%硫酸亚铁，不过其有效期不长，每过 1~2 周就要喷 1 次。

4. 施肥的时间和方法

最好在果实采摘后立即对葡萄施用基肥，假如未及时施入，在葡萄休眠时施用也可以。施肥以磷、钾肥和有机肥为主，以树势为依据配施一定量的氮肥（树势较弱的应适当多施氮肥，树势太旺的可不施氮肥）。施基肥的方法是，沿葡萄树行在一侧开沟施入，切记不可离树太近，避免伤根太重，限制葡萄长势。

葡萄对氮、钾肥的需求较多，在葡萄生长时要及时予以补充。在用氮、钾肥进行追肥时，通常是开浅沟施入，在芽膨大期、开花前期、开花后果实发育有豆粒大的时期、葡萄浆果初着色期施用。

八、猕猴桃

猕猴桃属于猕猴桃科猕猴桃属，为落叶性藤本果树，在我国分布很广，其中，中华猕猴桃在河南、陕西、湖南等省栽培最多。猕猴桃果实营养丰富，富含维生素 C 和多种营养物质，是世界上著名的保健果品。猕猴桃树枝梢的年生长量远比一般果树大，而且枝粗叶大，结果较早而多，进入成熟后，一株树地上与地下部分干重的比例约为 1.8∶1。每年植株的生长、发育、结果等都要从土壤中吸收大量营养，并通过修剪和采果从树体中消耗掉，而土壤中可供养分有限，因此，需要通过施肥向土壤补充树体生长发育所需的营养。因此，了解猕猴桃的营养特性，做到科学施肥，是实现猕猴桃优质高产的基础。

（一）猕猴桃的需肥特性

猕猴桃对各类矿质元素需要量大，其正常生长需要氮、磷、钾、镁、锌、铜、铁、锰等16种必需的营养元素，从土壤中吸收氮、磷、钾最多。从萌芽后，在叶片展开、叶面扩大、开花和果实发育等不同生育期，对各种营养元素的吸收量差异很大。

氮、磷、钾的吸收在叶片至坐果期的一段时间主要来自上半年树体贮藏的养分，而从土壤中吸收的养分较少。果实发育期养分吸收量显著增加，尤其对磷、钾吸收量较大。落叶前仍要吸收一定量的养分。猕猴桃的根系在2—3月为第一次生长高峰；在落花后和第一次新梢停止生长时为第二次生长高峰；第三次生长高峰是在果实采收后，养分用于充实根系和枝条，根系又一次进入生长高峰期。施肥采用秋季肥、春季肥和夏初肥等措施，以满足猕猴桃树对营养元素的需求。

猕猴桃适应温暖湿润的微酸性土壤，最怕黏重、强酸性或碱性、排水不良、过分干旱、瘠薄的土壤。更重要的是猕猴桃对氯有特殊的喜好，一般作物氯的含量为0.025%左右，而猕猴桃为0.8%~3.0%，是一般作物的30~120倍。尤其是在钾缺乏时，对氯有更大的需求量。分析表明，每生产1 000千克鲜果，猕猴桃树需要氮（N）8.4千克，磷（P_2O_5）0.24千克，钾（K_2O）3.2千克。

（二）猕猴桃的减施增效技术

猕猴桃树的施肥原则是以腐熟的优质有机肥为主、无机肥为辅，充分满足猕猴桃树对各种营养元素的需求，增强土壤肥力。对猕猴桃树的施肥量应根据目标产量、树龄大小、土壤肥力状况、需肥特性等因素来确定，一般采用基肥、追肥和叶面喷肥（根外追肥）等方式施肥。

1. 基肥

猕猴桃树一般在秋施基肥，采果后早施比较有利。根据各品种成熟期的不同，施肥时期为10—11月，早施基肥辅以适当灌溉，对加速恢复和维持叶片的功能、延缓叶片衰老、延长叶的寿命、保持较强的光合生产能力具有重要作用。基肥以有机肥（如厩肥、堆肥、饼肥、人粪尿等）为主，施肥量占全年总施肥量的60%，如果在冬、春施可适当减少。一般每株幼树施有机肥50千克，加过磷酸钙和氯化钾各0.25千克；成年树每株施厩肥50~75千克，加过磷酸钙1千克和氯化钾0.5千克。可采用行间、株间开深沟或穴施等方法，沟深50~60厘米，宽40厘米，将肥与土混匀，施入沟内并及时浇水。

2. 追肥

追肥应根据猕猴桃根系生长特点和地上部生长物候期及时追肥，过早或过晚都不利于树体正常的生长和结果。

（1）萌芽肥。早春追施萌芽肥，猕猴桃树在结果前3年，每次追肥量要小于成龄树，追肥次数要多。一般在2—3月萌芽前后施用，每棵每次追施腐熟人粪尿15~20千克或猕猴桃专用肥1~1.5千克或尿素0.2~0.3千克、过磷酸钙0.2~0.3千克、氯化钾各0.1~0.2千克。进入盛果期的成龄树，一般每棵追施猕猴桃专用肥0.5~1千克或有机肥20~30千克、过磷酸钙0.4~0.6千克、氯化钾0.2~0.4千克。

（2）花后追施促果肥。猕猴桃树在落花后30~40天是果实迅速膨大期，一般四年生猕猴桃树可冲施专用肥0.2~0.4千克或40%氮、磷、钾复合肥0.2~0.5千克，施后全园浇水1次。

（3）盛夏追施壮果肥。一般在落花后的6—8月，这一阶段幼果迅速膨大，新梢生长和花芽分化都需要大量养分，可根据树势、结果量酌情追肥1~2次。该期施肥以氮、磷、钾肥配合施用。幼树每棵施有机肥30千克、过磷酸钙和硫酸钾各0.15千克，成年树每棵施有机肥30~40千克、过磷酸钙0.6千克、氯化钾0.3千克。此外，还要注意观察是否有缺素症状，以便及时调整。

3. 根外施肥

猕猴桃树从展叶至采果前均可进行叶面喷施，常用的叶面喷施肥料种类和浓度如下：尿素0.3%~0.5%，硫酸亚铁0.3%~0.5%，硼酸或硼砂0.1%~0.3%，硫酸钾0.5%~1%，硫酸钙0.3%~0.4%，硫酸锌0.5%~1%，草木灰1%~5%，氯化钾0.3%。叶面喷肥最好在阴天或晴天的早晨或傍晚无风时进行。

九、核　桃

核桃属于核桃科核桃属，为多年生木本植物。原产于中国，栽培历史悠久。别名核桃仁、山核桃、胡核桃、羌桃、胡桃肉、万岁子、长寿果。核桃与扁桃、榛子、腰果并称为“世界四大干果”，既可以生食、炒食，也可榨油。主要产于河北、山西等山地，现全国各地均有栽培。

（一）核桃的需肥特性

核桃树是多年生木本果树，适应性强，适于中性土壤（pH值6.5~7.5），分布在华北、西北、西南各省。核桃树结果年限长，树体高大，根系深，侧根水平伸展较远，可达10~12米，根冠比为2左右。成年树根最深可达6米，须根多，根系的垂直分布主要集中在20~60厘米的土层中，约占总根量的80%。核桃树喜肥，供肥不足时对产量和品质影响较大。

核桃树对氮、钾养分需要量较大，其次是钙、镁、磷。生产试验表明，每1 000千克核桃果实中需要施氮（N）42.2千克、磷（P_2O_5）13.3 千克、钾（K_2O）15.2 千克，氮、磷、钾的比例为 1∶0.32∶0.36。氮素可以增加核桃出仁率，磷、钾养分能增加产量，还能提高核桃品质。核桃落花后对钙吸收量较大，果实形成期对镁需求量较大。

（二）核桃的减施增效技术

核桃树结果年限长，施肥应结合深翻改土进行，以秋季采收后施基肥为主，并适时进行追肥。

1. 基肥

成龄结果树每棵施优质有机肥 100~200 千克和核桃树专用肥 2~4 千克。基肥的施入可在春秋两季进行，以早施效果较好。秋季应在采收后落叶前完成。

2. 追肥

核桃树追肥一般分 3 次进行。第一次在萌芽开花前，每棵施核桃专用肥 1~2 千克或尿素 1~1.5 千克、硼砂 0.3~0.5 千克，可提高坐果率，促进果实发育，结合深翻改土进行施肥。第二次在落花后，果实开始形成和膨大期，是养分需要量最多的时期，每棵核桃树施专用肥 3~4 千克或尿素 0.5~1 千克、过磷酸钙 1~1.5 千克、硫酸钾 1~1.5 千克、硫酸镁 0.5~1 千克。开沟后结合灌水进行。第三次在果实硬核期进行，每棵施核桃专用肥 1~2 千克或尿素 0.5~1 千克、硫酸镁 0.5~1 千克，有利于果仁发育，提高产量和品质，可采用条状沟、放射状沟、穴施等方法施肥。

3. 根外追肥

根据树势而定，一般在整个生育期内都可喷施含尿素、磷酸二氢钾、硼、锌等元素的氨基酸叶面肥，每 8~15 天 1 次，可增强树势、提高坐果率、减少落果、预防小叶病等生理病害，对提高产品质量和增加产量都有效果。

十、柑　橘

柑橘，属芸香科柑橘亚科，是热带、亚热带常绿果树（除枳外），用作经济栽培的有枳、柑橘和金柑 3 个属。我国和世界其他国家栽培的柑橘主要是柑橘属。而中国是柑橘的重要原产地之一，有 4 000 多年的栽培历史，柑橘资源丰富，优良品种繁多。

柑橘长寿、丰产稳产、经济效益高，是我国南方果树的最主要的树种，对果农脱贫致富、农村经济发展起着重大作用。

（一）柑橘的需肥特性

柑橘为常绿果树，一年有多次抽梢，结果早、挂果时间长，结果量多，需肥量大，一般为落叶果树的 2 倍。新梢对氮、磷、钾的吸收从春季开始逐渐增长，氮元素不可施用过量；否则，根部会受到伤害。夏季是枝梢生长和果实膨大时期，需肥量达到吸收高峰。秋季根系再次进入生长高峰，为补充树体营养，仍需大量养分。随着气温降低生长量逐渐减少，需肥量随之减少，入冬后吸收基本停止。果实对磷吸收高峰在 8—9 月，氮、钾的吸收高峰在 9—10 月，以后趋于平缓。

（二）柑橘的减施增效技术

1. 柑橘的施肥量

一般每亩产 3 000 千克的柑橘园，应施氮（N）25～30 千克、磷（P_2O_5）10～15 千克、钾（K_2O）25～28 千克和柑橘专用肥 170～212 千克。每亩产 3 500～5 000 千克的柑橘园，应施氮（N）40～60 千克、磷（P_2O_5）30～45 千克，钾（K_2O）30～45 千克和柑橘专用肥 290～450 千克。与其他果树比较，柑橘要求氮多，而磷、钾相对较少。

2. 柑橘的施肥技术

根据需肥特点，树龄、树势、土壤供肥状况等因素确定合理的施肥量。柑橘除果实挂树贮藏或晚熟品种可以在采果前施肥外，一般采前不宜施肥，尤其是氮肥，否则会严重影响果实贮藏品质。

（1）基肥。也称为采果肥。柑橘挂果期很长，一般为 6~8 个月，在结果期内，消耗养分很多，树势开始衰弱。为了恢复树势，促进花芽分比，充实结果母枝，提高抗寒能力，为来年结果打下基础，采果后必须及时施肥。施肥时期为 10 月下旬至 12 月中旬。此时气温下降，根条活动差，吸收力弱，应以有机肥为主，每株施优质有机肥 50~100 千克、尿素 0.3~0.5 千克、过磷酸钙 0.5~1 千克。

（2）追肥。追肥是调节营养生长与生殖生长平衡的重要手段，根据柑橘营养特点，一般从抽生梢至果实成熟分 3 次追肥。

促肥花又称花前肥。从春梢萌动至花前进行，主要是为保证开花质量和春梢生长质量。每株施有机肥 30~50 千克，2∶1∶1 型复合肥 1~1.5 千克。施肥时间为 2 月下旬至 3 月上旬。

稳果肥又称花后肥。在落花后坐果期进行，主要是提高坐果率和控制夏梢突发。此期（5—6 月）要避免大量施用氮肥，否则会刺激夏梢突发，引起大量落果。因此，除树势弱的橘园，一般不采用土壤施肥。为了保果，多采用叶面喷施 0.3%尿素+0.2%磷酸二氢钾+激素（10 毫克/千克 2,4-D 或 50~100 毫克/千克萘乙酸），10~15 天喷 1 次，连续 2~3 次能取得良好效果。

壮果肥在果实膨大期进行。此期正值果实不断膨大，秋梢抽生和花芽分化，是影响柑橘当年和来年产量的重要时期，必须保证有充足的营养供应。此期施肥应以化肥为主，为改善果实品质和提高贮藏性能，要重视增施钾肥，一般可选用氮、磷、钾养分比例为 2∶1∶2 型高浓度复合肥，每株 2 千克左右。

以上为柑橘的一般施肥原则，在生产实践中，必须因地制宜灵活掌握。密植柑橘，棵小，根浅，多采用勤施薄施，花多，果多、梢弱，可随时增施；结果少而新梢长势好的橘树，为防止营养生长过旺，可以少施；早施品种应提早施肥，晚熟品种可推迟施肥。

第六章　茶树化肥减施增效技术

茶树是以采收幼嫩芽叶为对象的多年生经济作物，每年要多次从茶树上采摘新生的绿色营养嫩梢，这对茶树营养耗损极大。与此同时，茶树本身还需要不断地建造根、茎、叶等营养器官，以维持树体的繁茂和继续扩大再生长，以及开花结实繁衍后代等，都要消耗大量养料，因此，必须适时地给予合理的补充，以满足茶树健壮生长，使之优质、稳产高产。

我国茶园70%以上分布在低丘红黄壤地区，低丘红黄壤存在土壤质地黏重、土层黏薄、土壤酸化、营养元素贫瘠和不平衡等障碍因子，造成该地区茶叶低产低质。

第一节　营养元素需求特点

一、需肥特性

茶树是多年生、一年多次采叶的作物。茶树的营养需求表现为喜铵、聚铝、低氯和嫌钙；在养分吸收利用方面表现有明显的持续性、阶段性、季节性。据测定，幼龄茶树对氮、磷、钾的吸收比例为3∶1∶2。壮龄茶树是茶树生长较稳定的时期，对氮素吸收量较多，一般采收鲜叶100千克，需吸收氮（N）1.2～1.4千克，磷（P_2O_5）0.20～0.28千克，钾（K_2O）0.43～0.75千克。氮磷钾的比例为1∶0.16∶0.45. 从茶树对整个生育周期和年生育周期看，一年中对氮的吸收以4—6月、7—8月。9月和10—11月为多，而前两个时期的吸收占全年吸氮总量的55%以上。对磷的吸收主要集中在4—7月和9月，约占全年吸磷总量的80%。对钾的吸收以7—9月为最多，占全年吸钾总量的50%以上。

茶树对氮素需求较多，其次是钾，磷的需求量最少。

（一）所需养分

茶树生育所必需的矿质元素有：氮、磷、钾、钙、铁、镁、硫等大量元素和锰、锌、铜、硼、钼、铝、氟等微量元素。据上海市农业科学院土壤肥料研究所姚乃华等研究，以螯合态微量元素Mn、Zn、Cu、B、Mg及P、Mo为主体成分的茶树叶面营养液，田间试验结果表明，能增产茶叶20%左右，并且明显地提高茶叶品质，增强茶树光合作用能力及新梢持嫩性，经济效益高。生产实践和科学研究表明，茶园中缺镁、缺锌的情况比较普遍。

1. 氮

氮是合成蛋白质和叶绿素的重要组成部分，施用氮肥可以促进茶树根系生长，使枝叶繁茂，同时促进茶树对其他养分的吸收，提高茶树光合作用效率等。氮素供应充足时，茶树发芽多，新梢生长快，节间长，叶片多，叶面积大，持嫩期延长，并能抑制生殖生长，从而提高鲜叶的产量和质量。施氮肥对改善绿茶品质有良好作用，过量施氮肥，对红茶品质则有不利影响，若与磷、钾肥适当配合，无论对绿茶还是红茶都可提高品质。氮肥不足则树势减弱，叶片发黄，芽叶瘦小，对夹叶比例增大，叶质粗老，成叶寿命缩短，开花结果多，既影响茶叶产量又降低茶叶品质。正常茶树鲜叶含氮量为4%~5%，老叶为3%~4%，若嫩叶含氮量降到4%以下，成熟老叶下降到3%以下，则标志着氮肥严重不足。

2. 磷

磷肥主要能促进茶树根系发育，增强茶树对养分的吸收，促进淀粉合成和提高叶绿素的生理机能，从而提高茶叶中茶多酚、儿茶素、蛋白质和水浸出物的含量，较全面地提高茶叶品质。茶树缺磷往往在短时间内不易发现，有时要几年后才表现出来。其症状是：新生芽叶黄瘦，节间不易伸长，老叶暗绿无光泽，进而枯黄脱落，根系呈黑褐色。

3. 钾

钾对碳水化合物的形成、转化和贮藏有积极作用，它还能补充日照不足，在弱光下促进光合同化，促进根系发育，调节水代谢，增强对冻害和病虫害的抵抗力。缺钾时，茶树下部叶片早期变老，提前脱落，茶树分枝稀疏、纤弱，树冠不开展，嫩叶焦边并伴有不规则的缺绿，使茶树抵抗病虫和其他自然灾害的能力下降低。

作物吸收的 N 主要是铵态氮（NH_4-N）和硝态氮（NO_3-N）两种。茶树是喜铵性作物，分别单独施用 NH_4-N 和 NO_3-N 施用比例调查茶叶氨基酸含量变化，结果表明，NH_4-N 用量越多，氨基酸含量也越多，尤其是影响茶叶香味的茶氨酸显著增加。

据不完全统计，我国典型茶区纯 N 使用量在 0~2 600千克/公顷之间，平均 553 千克/公顷。大量使用氮肥不仅造成氮肥利用率明显降低，而且导致严重的环境污染。据报道，茶园氮素的利用率一般在 30%左右。未被茶树利用的氮素，除小部分仍保留在土壤中外，大部分通过硝化和反硝化作用，以 NO_3^- 和 N_2O 形式排放到环境中。如施氮量 900 千克/公顷的茶园，当年通过 NO_3^- 淋溶的 N 素高达 457 千克/公顷；通过 N_2O 损失更为惊人，在黄泥沙土条件下，通过茶树不同氮、磷、钾的配比试验，探明：从产量及品质两方面来考虑，应以施 N∶P_2O_5∶K_2O 比例为 4∶1∶1 及 3∶1∶1 最佳。氮素比例低，则产量不高。

锰对氨基酸合成、维生素 C 和茶多酚有促进作用。锌是蛋白质、核酸合成酶的构成部分，土壤有效锌含量与茶叶氮及氨基酸呈显著的相关。镁是叶绿素组成成分，茶氨酸合成酶只有在镁的作用下，才能进行酶促反应。

（二）吸收时间

茶树在年发育的不同周期中对营养元素的需求情况也不一致。据研究资料，一年中对氮的吸收以 4—6 月、7—8 月、9 月和 10—11 月为多。而前两期的吸收量占全年总吸氮量的 55%以上，磷的吸收主要集中在 4—7 月和 9 月。对钾的吸收则以 7—9 月为最多。此外，茶树各个器官对三要素的要求在不同时期也有一定差别。如茶树根系需要氮素主要是在 9—11 月、茎在 7—11 月，这两个季节占全年总吸收量的 60%~70%。叶对氮素的要求量，4—9 月占全年总量的 80%~90%。茶树根对磷的需求，高峰期是 9—11 月，茎是在 9 月，叶、芽等器官是在 4—10 月，其中以 7 月的需求量最多。茶树根系对钾的需求，主要是 9—11 月，占全年的 50%~60%，茎在 4—9 月，以 9 月的需求量最多。从以上茶树在不同季节对氮、磷、钾需求规律特点情况来看，适时适量施肥，也是提高各类肥料利用率的重要途径。

（三）需肥特点

（1）需肥连续性。茶树是多年生植物，在一年生长发育周期中，大部分时期都在进行芽叶采摘，并不断地消耗养分。由于茶树一年四季各个生育阶段其机体内都在进行着新陈代谢活动，从不间断，所以茶树体内营养条件好坏，不仅与当年产量、品质密切相关，而且还会影响来年的产量、质量表现，故而茶树对养分的需求是持续不断的。

（2）需肥阶段性。在自身发育生长的不同阶段，对各种营养元素的需求和吸收是有所侧重的。如幼年期的茶树以营养器官生长为主，地上部的枝梢生长超过地下部根系，合成多于分解，应适当增施磷钾肥，为今后的生长发育打下基础。处于青壮年期的茶树，由于营养生长和生殖生长并举，这就要进行大量增施氮肥，促进大量萌发芽叶并以磷钾和多种元素配施莱促进高产优质。

（3）需肥的集中性。在年发育周中，由于季节的变化和本身的生理活动现象而形成生长旺盛期与生长相对休止期，成龄茶园也因采摘等关系使芽梢生长形成比较明显的轮次，在生长旺盛期与每轮幼嫩芽叶被采摘后，为了配合正常生长的需要和补充因财政带来的损失都必须较大量的集中提供营养。在三要素中以氮素的需要量为最多，钾次之，磷又次之。

（4）需肥的适应性。茶树对营养条件的适应范围广泛，首先表现在它对营养元素需求上的多样性。茶树在生长发育过程中，对营养物质的需求，从数量上来讲，虽然以 N、P、K 三要素为主，但除此以外，有些微量元素 Mn、Fe、Zn、B、Al、Cu 对茶树的正常生理活动也有很大影响，只要某种元素缺乏都会使茶树的正常新陈代谢受到干扰和破坏，而产生生理病变，并导致产量和品质下降。其次是茶树的耐肥力强，耐瘠的能力也强。以施氮肥为例，每公顷茶园，最低可施纯氮肥 50 千克，最高可施 1 000 千克，虽然两者施量相差 20 倍，但对茶树均无妨。由此可知，茶树对营养确实具有较大的适应性。

二、施肥原则

茶园肥料使用原则是“一基三追多次喷，以有机肥基肥为主，适度追肥化肥前促后控，配合叶面施肥”。“一基”是指基肥，也称底肥，一般在秋末进行；“三追”是指春茶前、夏茶前、秋茶前追施。在用量上前期多施，到秋茶前少施，以避免茶树秋梢旺长“恋秋”，冬季茶树抗寒能力减弱。

第二节　茶树化肥减施增效技术

一、基　肥

基肥是指在茶树地上部停止生长时（9月底至10月底）施入，以确保茶树安全越冬，有利于茶树越冬芽的正常发育，保证春茶的萌发、生长。基肥一般亩施优质有机肥3 000~4 000千克，51%硫基复合肥（17-17-17或25-10-16）40~60千克，基肥应适当早施深施20~25厘米，以便诱发茶树根系向深层发展，既扩大根系的营养面，又可防止旱害和冻害。沙土宜深，黏土宜浅。

二、追　肥

在茶树开始萌发和新稍生长时期施用的肥料为追肥。追肥多以尿素或高氮复合肥为主，幼龄茶树追施2~3次，壮龄茶树3~4次，春茶多追，夏、秋茶少追。一般每次采摘结束之后，应及时追肥。每次每亩追施高氮复合肥（25-10-16或30-10-11）15~20千克，开沟条施，施后覆土。

三、根外追肥

一般大量元素采用0.5%~1%，微量元素采用50~500毫克/千克，稀土元素采用10~50毫克/千克，复合叶面营养液以500~1 000毫克/千克为宜。以喷湿叶面为主，一般在傍晚进行。

四、施肥时期和施肥方法

幼龄茶树应施以充足的氮肥，以满足枝、叶、芽迅速生长的需要。成年茶树则应施充足的有机肥，并做到追肥、基肥相结合。春、夏、秋为茶树旺盛生长期，需肥量大，尤其是春茶，此时应以追肥为主，及时补充因采摘所带走的养分，肥料主要以速效氮肥为主。冬季气温低，茶树处于休眠状态，此时主要是聚集养分，可施迟消或分解慢的肥料。

茶园施肥，主要有沟施、窝施、叶面喷施3种方法，施肥要求概括地讲，应做到“一深、二早、三多、四平衡、五配套”，具体要求如下。

“一深”：是指肥料要适当深施，以促进根系向土壤纵深方向发展。茶树种植前，底肥的深度至少要求在30厘米以上；基肥应达到20厘米左右；追肥也要施5~10厘米深，切忌撒施，否则遇大雨时会导致肥料冲失，遇干旱时造成大量的氮素挥发而损失，还会诱导茶树根系集中在表层土壤，从而降低茶树抵抗旱、寒等自然灾害的能力。

“二早”：一是基肥要早，进入秋冬季后，随着气温降低，茶树地上部逐渐进入休眠状态，根系开始活跃，但气温过低，根系的生长也减缓，故早施基肥可促进根系对养分的吸收。长江中下游茶区，要求肥料在9月上旬至10月下旬间施下；江北茶区可提早到8月下旬开始施用，10月上旬施完；而南方茶区则可推迟到9月下旬开始施用，11月下旬结束。二是催芽肥要早，以提高肥料对春茶的贡献率。据试验，春季追肥时间由3月13日提早到2月13日，龙井茶产量增加。施催芽肥的时间一般要求比名优茶开采期早1个月左右，如长江中下游茶区应在2月施下。

“三多”：一是肥料的品种要多，不仅要施氮肥，而且要施磷、钾肥和镁、硫、铜、锌等中微量元素肥以及有机肥等，以满足茶树对各种养分的需要和不断提高土壤肥力水平。二是肥料的用量要适当多，每产100千克大宗茶，亩施纯氮12~15千克，如茶叶产量以幼嫩芽叶为原料的名优茶计，则施肥量需提高1~2倍。但是，化学氮肥每亩每次施用量（纯氮计）不要超过15千克，年最高用量不得超过60千克。三是施肥的次数也要多，要求做到“一基三追十次喷”，春茶产量高的茶园，可在春茶期间增施一次追肥，以满足茶树对养分的持续需求，同时减少浪费。

“四平衡”：一是有机肥和无机肥要平衡。有机肥不仅能改善土壤的理化和生物性状，而且能提供协调、完全的营养元素。但由于有机肥养分含量较低，所以需配施养分含量高的无机肥，以达到既满足茶树生长需要，又改善土壤性质的目的。要求基肥以有机肥为主，追肥以无机肥为主。二是氮肥与磷钾肥，大量元素与中微量元素要平衡。只有平衡施肥，才能发挥各养分的效果。成龄采摘茶园要求氮磷钾的比例为（2～4）：1：1。三是基肥和追肥平衡。茶树对养分的吸收具有明显的贮存和再利用特性，秋冬季茶树吸收贮存的养分是翌年春茶萌发的物质基础，所以要重施基肥。但茶树的生长和养分吸收是一持续的过程，因此，只有基肥与追肥平衡才能满足茶树年生长周期对养分的需要。一般要求基肥占总施肥量的40%左右，追肥占60%左右。四是根部施肥与叶面施肥平衡。茶树具有深广的根系，其主要功能是从土壤中吸收养分和水分。但茶树叶片多，表面积大，除光合作用外，还有养分吸收的功能。尤其是在土壤干旱影响根系吸收时，或施用微量营养元素时，叶面施肥效果更好。另外，叶面施肥还能活化茶树体内的酶系统，加强茶树根系的吸收能力。因此，只有在根部施肥的基础上配合叶面施肥，才能全面发挥施肥的效果。

“五配套”：是指茶园施肥要与其他技术配合进行，以充分发挥施肥的效果。一是施肥与土壤测试和植物分析相配套。根据对土壤和植株的分析结果，制订准确的茶园施肥和土壤改良计划。一般要求每两年对茶园土壤肥力水平和重金属元素含量等进行一次监测，以了解茶园土壤肥力水平的变化趋势，有针对性地调整施肥技术。二是施肥与茶树品种相配套。不同品种对养分的要求有明显的“个性特点”，如龙井43要求较高的氮、磷和钾施用量，而苹云则耐肥性差，施肥量不能过高，高香品种龙井长叶对钾的要求较高。因此，茶园施肥时，特别是优良品种茶园施肥时只有考虑其种性特点，才能充分发挥良种的优势。三是施肥与天气、肥料品种相配套。这一点在季节性干旱明显、土壤黏性较重的低丘红壤茶区显得尤为重要。如天气持续干旱，土壤板结，施入的肥料不易溶解和被茶树吸收；雨水过多或暴雨前施肥则易导致肥料养分淋溶而损失。根据肥料种类采用不同的施肥方式则可提高肥料的利用率。四是施肥与土壤耕作、茶树采剪相配套。如施基肥与深耕改土相配套，施追肥与锄草结合进行，既节省成本，又能提高施肥效益；又如采摘名优茶为主的茶园应适当早施、多施肥料，采摘红茶的茶园可适当多施钾肥和铜肥；幼龄茶园和重剪、台刈改造茶园应多施磷、钾肥等。五是施肥与病虫防治相配套。一方面，茶树肥水充足，易导致病虫为害，要注意及时防治；另一方面，对于病虫为害严重的茶园，特别是病害较重的茶园应适当多施钾肥，并与其他养分平衡协调，有利于降低病害的侵染率，增强茶树抵抗病虫害的能力。

另外，茶园施肥次数与茶区气候条件、施肥量、采摘制度等因素有关。我国北方茶区由于气温低，发芽轮次少，采摘期短，除基肥外，追肥 2~3 次即可。长江中下游大部分茶区，茶芽萌发次数较多，生长期较长，除施基肥外，宜施 3~4 次追肥。南方茶区，由于气温高，雨水多，生长期长，发芽轮次多，在一般情况下，除基肥外，宜施追肥 4~5 次。茶园追肥次数与施肥量关系也很大，在年施追肥氮 20 千克时，全年分五次施比分三次施和分二次施分别增产 17%和 23%。因此，可以认为，在肥料多的情况下，要分次少施，这样有利于肥效的发挥。

秋冬施基肥应以有机肥和磷、钾肥为主，配合施部分复合肥。根据茶树新梢生长轮次和需肥的连续性，在各轮新梢生长前，及时分批施用追肥，一般全年 3 次，以速效性氮肥为主，配合磷、钾肥和根外追肥，促进茶芽萌发。一般每年亩施纯氮 10~15 千克，氮、磷、钾的施用比例为（2~4）：1：1。茶叶生产期间以氮肥为主，一般亩施 15~25 千克的尿素、硫酸铵、钙镁磷及复合肥，有条件的可施人粪尿等，一般在每轮茶芽萌发前 10~15 天时施下。

基肥施用时期因各地气候条件差别很大，主要在茶树地上部分停止生长后立即进行，宜早不宜迟。大部分茶区在 10 月上旬至下旬茶树停止生长，施基肥宜在 10 月下旬至 11 月上旬。催芽肥在开春后施用，3 月初施第一次追肥。春茶结束后第二次追肥，夏茶结束后第三次追肥。若干旱季节不宜施追肥，应在旱季来临之前或旱情解除以后施用。

第七章　农药施用知识

第一节　农药的基本概念

一、农药的含义

按《中国农业百科全书·农药卷》的定义，农药主要是指用来防治为害农林牧业生产的有害生物（害虫、害螨、线虫、病原菌、杂草及鼠类）和调节植物生长的化学药品，但通常也把改善有效成分和物理、化学性状的各种助剂包括在内。

事实上，农药不仅在农业上应用，许多农药同时也是卫生防疫、工业品防腐、防蛀和提高畜牧产量等方面不可缺少的药剂。因而，随着科学的发展和农药的广泛应用，农药的含义和所包括的内容也在不断地充实和发展。广义的农药还包括有目的地调节植物与昆虫生长发育、杀灭家畜体外寄生虫及人类公共环境中有害生物的药物。

从长远的观点和站在植物生理性病害防治的角度来考虑，化学肥料和一些能提高植物抗逆性的化学物质也可以纳入农药的范畴。概括地说，凡是可以用来保护和提高农业、林业、畜牧业生产以及用于环境卫生的药剂，都可以叫作农药。

二、农药的分类

农药的分类多种多样，依据不同，划分的类型也各不相同。

根据防治对象，农药可分为杀虫剂、杀菌剂、杀螨剂、杀线虫剂、杀鼠剂、除草剂、脱叶剂、植物生长调节剂等。

根据原料来源，农药可分为有机农药、无机农药、植物性农药、微生物农药。此外，还有昆虫激素。

根据加工剂型，农药可分为粉剂、可湿性粉剂、可溶性粉剂、乳剂、乳油、浓乳剂、乳膏、糊剂、胶体剂、熏烟剂、熏蒸剂、烟雾剂、油剂、颗粒剂、微粒剂等。

为了便于认识、研究和使用农药，可根据农药的用途进行分类，常用的有以下几类。

（一）杀虫剂

杀虫剂是对昆虫机体有直接毒杀作用，以及通过其他途径可控制其种群形成或可减轻、消除害虫为害程度的药剂。可用来防治农、林、牧业、卫生及仓储等害虫或有害节肢动物，是当前我国农药中使用品种和数量最多的一类。按其成分又可将杀虫剂分为以下 3 类。

1. 无机杀虫剂

无机杀虫剂，即有效成分为无机化合物的杀虫剂。常见的无机杀虫剂有无机氟杀虫剂和无机砷杀虫剂。因为无机杀虫剂的杀虫效果和对人、畜及作物的安全性不如有机合成的杀虫剂，所以用量日趋减少，并逐步被其他药物所取代。

2. 有机杀虫剂

有机杀虫剂，即有效成分为有机化合物的杀虫剂。按其来源又可分为天然的有机杀虫剂和人工合成的有机杀虫剂。天然的有机杀虫剂是指利用植物或矿物原料经过物理机械加工而制成的药剂。常见植物性的有机杀虫剂有除虫菊、鱼藤、巴豆等，常见矿物性的有机杀虫剂有石油乳剂等。人工合成的有机杀虫剂是指利用各种原料进行人工合成，而且其有效成分为有机化合物药剂，这类药剂数量大、品种多、发展快，约占杀虫剂的

90%，是20世纪40年代才发展起来的药剂。根据其化学成分可分为以下几类。

（1）有机磷杀虫剂。有机磷杀虫剂又叫膦酸酯类杀虫剂，其有效成分的分子结构中均含有磷元素，如美曲膦酯（敌百虫）、敌敌畏、乐果、氧化乐果、马拉硫磷、甲基对硫磷、辛硫磷、甲拌磷、灭蚜松等。

（2）有机氯杀虫剂。有机氯杀虫剂是指具有杀虫作用的含有氯元素的有机化合物，如毒杀芬、氯丹、林丹等。这类药剂大多数性质稳定，施用后不易被分解，能够通过环境与食品的残留而进入人体、畜体内积累，有碍人、畜健康，因而将逐步被限制并禁止使用。

（3）除虫菊酯类杀虫剂。除虫菊酯类杀虫剂属于仿生制剂，即仿照除虫菊体内所含的杀虫有效成分——除虫菊素而人工合成的一类杀虫剂。由于该类药剂具有效果好、无残毒、用量少、作用迅速等特点，自问世以来，发展很快。但大多数品种，我国目前仍不能工业化生产，主要依靠进口。如S-氰戊菊酯、氰戊菊酯、甲氰菊酯、高效氯氰菊酯、溴氰菊酯等。

（4）复配剂。复配剂是指由两种或两种以上的有机杀虫剂经科学混配而成的一类杀虫剂，这是近几年来新发展起来的一类药剂。科学研究证明，有些药剂两两混合之后，不仅能提高效果、扩大杀虫范围，而且能延缓害虫抗性产生、降低使用成本等。如灭杀毙就是典型的一种，它是由马拉硫磷和氰戊菊酯的混合物组成，既具有菊酸类农药用量少、效果好的优点，同时也克服了菊酯类农药对红蜘蛛、蚜虫等效果较差和易产生抗性的缺点，深受群众欢迎。随着时间的推移和农药科学的发展，这类药剂将会得到更广泛的应用。

（5）其他杀虫剂。如氟乙酰胺、巴丹等。

3. 微生物杀虫剂

微生物杀虫剂是利用微生物或其代谢物来防治害虫的药剂。按照微生物的类别，可分为如下几类。

（1）细菌性杀虫剂。苏云金杆菌、青虫菌、杀螟杆菌等。

（2）真菌杀虫剂。白僵菌、绿僵菌、虫生藻菌等。

（3）病毒杀虫剂。核型多角体病毒、质型多角体病毒等。

（4）线虫杀虫剂。六索线虫等。

（二）杀螨剂

杀螨剂是用来防治为害植物或居室中的蜱螨类的农药，防治对象包括叶螨类、壁虱类等。

这类药剂按其作用范围可分为两类：一类是没有杀虫作用，专门用于防治害螨的药剂，如螨卵酯、三氯杀螨醇、克螨特等；另一类是既有防治作用又有杀虫作用的药剂，如1605、呋喃丹、乐果、氧化乐果等。

（三）杀菌剂

杀菌剂对病原微生物能起到杀死、抑制或中和其有毒代谢物的作用，因而可使植物及其产品免受病菌为害或可消除病症、病状。有些杀菌剂虽然没有直接杀菌或抑菌作用，但是能诱导植物产生抗病性，从而有助于抑制病害的发展与为害。

杀菌剂按其成分可分为如下几类。

（1）无机杀菌剂。无机杀菌剂是具有杀菌作用的一类无机物质，如硫酸铜、硫黄粉、氟硅酸钠等。

（2）有机杀菌剂。有机杀菌剂是具有杀菌作用的一类有机化合物。按其化学成分可分为有机硫杀菌剂、有机砷杀菌剂、有机磷杀菌剂、有机氯杀菌剂、有机汞杀菌剂（已禁用）、有机锡类杀菌剂、酚类杀菌剂、醛类杀菌剂等。

（3）抗生素。抗生素指一类由微生物代谢所产生的杀菌物质。重要的品种有放线酮、春雷霉素、灭瘟素、井冈霉素等。

（4）植物杀菌素。植物杀菌素是指存在于植物体内的具有杀菌作用的一类化学物质。如大蒜中存在的植物杀菌素——大蒜素，对多种病原苗都有较强的抑制作用。大蒜素的类似化合物乙基大蒜素对甘薯黑斑病、棉花苗病等多种病害都有良好的防治效果，其加工品抗菌剂 401、402 已广泛应用于生产实际。

（四）杀线虫剂

杀线虫剂是用于防治植物寄生性线虫的化学药剂。根据药剂的选择性与使用方法，可分为 3 种类型。

（1）土壤处理剂。土壤处理剂包括具有土壤熏蒸消毒作用（如氯化苦、二溴氯丙烷等）和不具熏蒸作用以触杀作用为主两种（如涕灭威、呋喃丹等）。这类杀线虫剂还兼有杀灭土壤中病菌、土栖昆虫或杂草的作用。

（2）叶面喷洒处理剂（克线磷），可通过叶面内吸输导杀灭根部和叶面线虫，这类药剂具有选择性，对植物较安全。

（3）种子处理剂（杀螟丹、浸种灵），可用于种子处理。

（五）除草剂

除草剂是用来杀灭草坪或人工环境中非目标植物的一类农药。根据对植物作用的性质，分为灭生性除草剂和选择性除草剂。前者使用后可杀死大多数植物，可用于森林防火带杀死树木以及场地、道路、建筑物处灭杀杂草或灌木等，也可用于农田播种前除草。后者使用后能有选择地杀死某些种类的植物，而对另一些种类的植物无害，多用于农田除草。根据除草剂的作用方式可分为触杀型除草剂、内吸传导型除草剂、激素型除草剂。

（六）杀鼠剂

杀鼠剂是专门用来防治农田、牧场、粮仓、厂房、草坪和室内鼠类等啮齿动物的农药。杀鼠剂大都是胃毒剂，用以配制毒饵诱杀。

常用杀鼠剂对人和家畜有剧毒。通常可分为无机类（如磷化锌）、抗凝血素类（如敌鼠钠、敌鼠酮、溴敌隆和大隆等）、植物类（如红海葱）和其他类（如毒鼠磷、甘氟、灭鼠优等）。

（七）植物生长调节剂

植物生长调节剂是一类专门用于调节和控制植物生长发育的农药。这类农药使用量很低，处理植物后可达到促进或抑制发芽，促进生根和枝叶生长，促进开花结果，提早成熟，形成无籽果实，防止徒长，调控株型，疏花疏果或防止落花、落果，增强抗旱、抗寒、抗早衰和抗倒伏能力等多种生理作用。如控制植物生长的矮壮素、促进草坪生长的草坪促茂剂、改造观赏植物株型的助壮素等。生长调节剂按其作用特点，又可分为生长素类、赤霉素类、细胞分裂素类、成熟素（乙烯）类和脱落酸类等。

（八）杀软体动物剂

杀软体动物剂是指能用于防治蜗牛、钉螺等软体动物的药剂，如蜗牛敌、贝螺杀、蜗螺净等。

第二节　农药科学施用

一、科学使用农药注意事项

1. 对症下药

各类农药的种类很多，特点不同，应针对要防治的对象，选择最适合的种类，防止误用；并尽可能选用对天敌杀伤作用小的种类。

2. 适时施药

现在各地已对许多重要病、虫、草、鼠制定了防治标准，即常说的防治指标。根据调查结果，达到防治指标的田块应该施药防治，没达到指标的不必施药。施药时间一般根据有害生物的发育期、作物生长进度和农药品种而定，还应考虑田间天敌状况，尽可能躲开天敌对农药敏感期施用。既不能单纯强调“治早、治小”，也不能错过有利时期。特别是除草剂，施用时既要看草情还要看“苗”情。

3. 适量施药

任何种类农药均需按照推荐用量使用，不能任意增减。为了做到准确，应将施用面积量准，药量和水量称准，不能草率估计，以防造成作物药害或影响防治效果。

4. 均匀施药

喷布农药时必须使药剂均匀周到地分布在作物或害物表面，以保证取得好的防治效果。现在使用的大多数内吸杀虫剂和杀菌剂，以向植株上部传导为主，称“向顶性传导作用”，很少向下传导的，因此也要喷洒均匀周到。

5. 合理轮换用药

多年实践证明，在一个地区长期连续使用单一种类农药，容易使有害生物产生耐药性，特别是一些菊酯类杀虫剂和内吸性杀菌剂，连续使用数年，防治效果即大幅度降低。轮换使用作用机制不同的品种，是延缓有害生物产生耐药性的有效方法之一。

6. 合理混用

合理地混用农药可以提高防治效果，延缓有害生物产生耐药性或兼治不同种类的有害生物，节省人力。混用的主要原则：混用必须增效，不能增加对人、畜的毒性，有效成分之间不能发生化学变化，例如遇碱分解的有机磷杀虫剂不能与碱性强的石硫合剂混用。要随用随配，不宜储存。

为了达到提高施药效果的目的，将作用机制或防治对象不同的两种或两种以上的商品农药混合使用。

有些商品农药可以同时混合使用，有的在混合后要立即使用，有些则不可以混合使用或没有必要混合使用。在考虑混合使用时必须有目的，如为了提高药效，扩大杀虫、除草、防病或治病范围，同时兼治其他虫害、病害，收到迅速消灭或抑制病、虫、草为害的效果，防治抗性病、虫和草，或用混合使用方法来解决农药不足的问题等。但不可盲目混用，因为有些种类的农药混合使用时不仅起不到好的作用，反而会使药剂的质量变坏或使有效成分分解失效，浪费了药剂。

除草剂之间的混用较为普遍，市售的很多除草剂产品本身就是混剂，如丁·苄（丁草胺+苄嘧磺隆）、二氯·苄（二氯喹啉酸+苄嘧磺隆）、禾田净（禾草特+西草津+二甲四氯）、威罗生（戊草净+哌草磷）、丁·恶（丁草胺+噁草灵）、新得力（苄嘧磺隆·甲磺隆）、玉丰（扑草净+莠去津）、乙·赛（乙草胺+莠去津）等。除草剂的混用除了提高药效和扩大杀草谱外，还有一个很重要的目的是降低单剂的使用剂量，从而防止对作物产生药害。

（7）注意安全采收间隔期。各类农药在施用后分解速度不同，残留时间长的品种，不能在临近收获期使用。有关部门已经根据多种农药的残留试验结果，制定了《农药安全使用标准》和《农药安全使用准则》，其中规定了各种农药在不同作物上的“安全间隔期”，即在收获前多长时间停止使用某种农药。

（8）注意保护环境。施用农药须防止污染附近水源、土壤等，一旦造成污染，可能影响水产养殖或人、畜饮水等，而且难于治理。不过，只要按照使用说明书正确施药，一般不会造成环境污染。

二、安全使用农药注意事项

（一）施药人员应符合要求

（1）施药人员应身体健康，经过专业技术培训，具备一定的植保知识，严禁儿童、老人、体弱多病者以及经期、孕期、哺乳期妇女参与施用农药。

（2）施药人员需要穿着防护服，不得穿短袖上衣和短裤进行施药作业；身体不得有暴露部分；需穿戴舒适、厚实的防护服，能吸收较多的药雾而不至于很快进入衣服的内侧，棉质防护服通气性好于塑料服；使用背负式手动喷雾器时，应穿戴防渗漏披肩；防护服要保持完好无损，施药作业结束后，应尽快把防护服清洗干净。

（二）施药时间应安全

（1）应选择好天气施药。田间的温度、湿度、雨露、光照和气流等气象因子对施药质量影响很大。在刮大风和下雨等气象条件下施用农药，对药效影响很大，不仅污染环境，而且易使喷药人员中毒。刮大风时，药雾随风飘扬，使作物病菌、害虫、杂草表面接触到的药液减少；即使已附着在作物上的药液，也易被吹拂挥发，振动散落，大大降低防治效果；刮大风时，易使药液飘落到施药人员身上，增加中毒机会；刮大风时，如果施用除草剂，易使药液飘移，有可能造成药害。下大雨时，作物上的药液被雨水冲刷，既浪费了农药又降低了药效，且污染环境。应避免在雨天及风力大于 3 级的条件下施药。

（2）应选择适宜的时间施药。在气温较高时施药，施药人员易发生中毒。由于气温较高，农药挥发量增加，田间空气中农药浓度上升，加之人体散热时皮肤毛细血管扩展，农药经皮肤和呼吸道吸引起中毒的危险性就增加。所以喷雾作业时，应避免夏季中午高温（30℃以上）的条件下施药。夏季高温季节喷施农药，要在10时前和15时后进行。对光敏感的农药选择在10时以前或傍晚施用。施药人员每天喷药时间一般不得超过6小时。

（三）施药操作应规范

1. 田间施药

（1）进行喷雾作业时，应尽量采用降低容量的喷雾方式，把施药液量控制在300升/公顷（20升/亩）以下，避免采用大容量喷雾方法。喷雾作业时的行走方向应与风向垂直，最小夹角不小于45°。喷雾作业时要保持人体处于上风方向喷药，实行顺风、隔行前进或退行，避免在施药区穿行。严禁逆风喷洒农药，以免药雾吹到操作者身上。

（2）为保证喷雾质量和药效，在风速过大（大于5米/秒）和风向常变不稳时不宜喷雾。特别是在喷洒除草剂时，当风速过大时容易引起雾滴飘移，造成邻近敏感作物药害。在使用触杀性除草剂时，喷头一定要加装防护罩，避免雾滴飘失引起的邻近敏感作物药害；另外，喷洒除草剂时喷雾压力不要超过0.3兆帕，避免高压喷雾作业时产生的细小雾滴引起雾滴飘失。

2. 设施内施药

在温室大棚等设施内施药时，应尽量避免常规大容量喷雾技术，如采用喷雾方法，最好采用低容量喷雾法。如采用烟雾法、粉尘法、电热熏蒸法等施药技术，应在傍晚进行，并同时封闭棚室。第二天将棚室通风1小时后人员方可进入。

如在温室大棚内进行土壤熏蒸消毒，处理期间人员不得进入棚室，以免发生中毒。

第八章　主要粮食作物病虫草害防控技术

第一节　主要病害

一、水稻稻瘟病

稻瘟病是水稻上重要的病害之一，分布广，我国南北稻区每年均有不同程度的发生。流行年，一般可减产10%~20%，严重时可减产40%~50%，少数田甚至绝产，同时使稻米品质降低。

稻瘟病系气流传染为主的多循环病害，防治应以选用抗病品种与药剂防治为重点。

1. 选用优质、高产、抗病或耐病品种

选用抗病良种是经济有效的防病措施。注意稻瘟病生理小种变化，以防品种丧失抗病性，不要种植单一品种，可用2~3个抗病品种搭配种植。并注意轮换、更新，延长抗病品种的使用寿命。

2. 减少菌源

及时处理病稻草，可将病稻草集中烧掉，不可用病稻草苫房、盖窝棚、熟池埂或入水口。

3. 加强田间肥水管理

合理施肥，防止氮肥使用过多，要在平整土地的前提下，实行合理浅灌，分蘖末期进行排水晒田，孕稻到抽穗期要做到浅灌，防止徒长，水稻栽培要合理密植，增加株行间通风透光能力。

4. 田间调查与药剂防治

为了准确及时用药，首先应进行病情调查，一般于水稻分蘖期前，每逢降雨后应进行田间调查，观察有无急性型病斑出现，如有急性型病斑出现应立即进行药剂防治，施药后 10 天左右病情仍在发展可再施药 1 次。如叶瘟于孕穗期才开始发生，病情不重，可结合预防穗颈瘟进行药剂防治。一般穗颈瘟防治在孕穗末期到抽穗始期进行，不论叶瘟发生轻或重均应进行药剂防治 1 次，为了控制穗颈瘟的发展最好在齐穗期再进行 1 次药剂防治。

可选用的药剂有：发病初期用 75%三环唑（稻艳）可湿性粉剂 375~450 克/公顷，或 25%咪鲜胺（施保克、使百克）乳油 1.5 升/公顷或 40%稻瘟灵（富士 1 号）乳油 1.25~1.5 升/公顷，或 50%多菌灵可湿性粉剂 1.5 千克/公顷喷雾效果较好，绿色食品生产田可在发病前用 0.4%低聚糖素 3 升/公顷，或 2%春雷霉素 1.5 升/公顷加益微 300 升/公顷混合喷雾，或 8%烯丙异噻唑颗粒剂 22.5 千克/公顷撒施（水层 3~5 厘米，保水 5~7 天）。

二、水稻纹枯病

水稻纹枯病发生最普遍，是水稻主要病害之一。我国南北稻区均有发生，长江流域和南方稻区发病严重。一般减产 5%~10%，严重减产可达 50%以上，甚至造成植株倒伏枯死，以致绝收。

1. 打涝菌核

减少初侵染源，灌水耕田或插秧前，打捞田边、田角的浪渣，带出田外深埋或烧毁，可清除漂浮的菌核。

2. 湿润灌溉

适时烤田，科学用水，做到前期浅灌，适时晒田，浅水养胎，后期湿润，不过早脱水，不长期深灌。

3. 注意有机、无机肥相结合

氮、磷、钾配合使用，切忌过施、偏施氮肥。

4. 对发病稻田，应掌握孕穗期病株率达 30%~40%时施药

药液要喷在稻株中下部。采用泼浇法，田里应保持 3~5 厘米浅水层。施用井冈霉素时，最好在雨后晴天进行，或在施药后两小时内不下大雨时进行。亩用 5%井冈霉素水剂 100~150 毫升，或井冈霉素高浓度粉剂 25 克，任选一种，对水 30~40 千克常规喷雾，或对水 400 千克泼浇。

三、稻白叶枯病

水稻白叶枯病是水稻主要病害之一，对产量影响较大。全国各稻区均有发生，水稻发病后，引起叶片干枯，不实率增加，秕谷和碎米多，千粒重降低，轻减产 10%~30%，严重时减产 50%以上，甚至颗粒无收。一般籼稻重于粳糯稻，晚稻重于早稻。

以种植抗病品种为基础。秧田防治为关键，抓好肥水管理，辅以化学防治。

1. 选用适合当地的抗病品种

2. 加强植物检疫，不从病区引种

稻白叶枯病是一种严重的细菌病害，也是检疫病害。如必须引种时，可用 1%石灰水或 80%乙蒜素乳油 2 000 倍液浸种 2 天或 50 倍的福尔马林浸种 3 小时，闷种 12 小时，洗净后催芽。

3. 农业防治

加强水浆管理，浅水勤灌，及时排水，分蘖期排水晒田，秧田严防水淹。妥善处理病稻草，不让病菌与种、芽、苗接触，清除田边再生稻株或杂草。

4. 化学防治

发现中心病株，喷洒 50%氯溴异氰尿酸可湿性粉剂，用药 60~80 克/亩，对水 30~40 升，防效不好时，可同时混入农用链霉

素 4 000 倍液，提高防效。还可用 30%噻森铜悬浮剂 70~85 毫升/亩或 3%中生菌素水剂 400~533 毫升/亩，对水 30~40 升喷洒。

四、玉米大、小斑病

玉米大、小斑病分布很广，玉米大斑病是世界各玉米产区分布较广，为害较重的病害。我国在 1899 年就有记载。玉米产区广泛发生的病害之一，主要分布在北方玉米产区和南方玉米产区的冷凉山区。严重发生时，一般减产 15% ~ 20%，严重的达 50%以上。

玉米小斑病害全世界普遍发生。1970 年美国玉米小斑病大流行，减产 165 亿千克，损失约 10 亿美元。该病害在我国早有发生的记载，过去只在玉米生长后期多雨年份发生较重，很少引起重视。60 年代以后，由于推广的杂交品种感病，小斑病的为害日益加重成为玉米生产上重要病害之一。

采用以种植抗性品种为主，结合适期播种、消灭菌源、加强田间管理和化学防治的综合防治措施。

（一）选用抗病品种

这是防治的关键措施。选育推广抗病高产品种。预防玉米大、小斑病的主要措施，要避免品种的单一性，注意品种的提纯复壮。

（二）消灭菌源

避免秸杆还田，实行 2~3 年大面积轮作倒茬。收获后及时彻底清理病残体，进行了秋季深翻。

（三）加强栽培管理

因地制宜地提早播种，增施氮、磷、钾肥，在拔节期避免脱肥，合理密植，中耕松土，科学灌水，调节农田小气候，使之不利发病。

(四) 摘除病叶法

发病初期及时摘除基部 2~3 片叶，并集中处理，可减轻发病。

两种叶斑病一般都是先下部叶片后上部叶片逐渐发病，当下部两叶片发病率在20%左右时，应立即去除病叶，隔 7~10 天再去除 3~5 片叶，对控制病害扩展有明显效果。但必须大面积进行，而且在短期内完成效果明显。摘除病叶后立即施肥浇水，促进生长，增强抗病力。

(五) 化学防治

玉米抽雄灌浆期是化学防治的关键时期。在心叶末期到抽雄期或发病初期喷洒农抗 120 水剂 200 倍液，隔 10 天防 1 次，连续防治 2~3 次。目前防治的新品种有异菌脲、苯醚甲环唑、代森锰锌、菌核净、氢氧化铜等。

(六) 注意事项

甲基硫菌灵、代森锌、代森锰锌等都不能和波尔多液、石硫合剂等碱性农药混用。代森锰锌在玉米收获前 14 天停止使用。

五、玉米丝黑穗病

玉米丝黑穗病是玉米产区主要病害之一，在我国发生普遍，其中以北方春玉米、西南丘陵山地玉米区受害最重。

玉米丝黑穗病是以土壤带菌为传播途径的病害，它的发病率轻重主要与气候条件、土壤条件、栽培条件及种子本身的抗性等因素有关。

1. 选用抗病品种

2. 实行轮作

与大豆、小麦、谷子进行 3~4 年轮作。

3. 适期早播

掌握墒情和播种质量。

4. 种子处理

25%三唑酮可湿性粉剂或25%三唑醇乳油，用种子重量的0.3%~0.5%拌种；12.5%烯唑醇可湿性粉剂，用种子重量的0.4%~0.8%拌种；100千克种子用35%多菌灵·福美双·克百威种衣剂1.5~2升，或40%萎锈·福美双悬浮剂400~500毫升对水1.6升拌种。

5. 除掉病株或病穗

六、玉米瘤黑粉病

玉米瘤黑粉病我国各玉米产区极为普遍的一种病害，也是玉米生产中主要病害之一，分布广泛。由于病菌侵染植株的茎秆、果穗、雄穗、叶片等幼嫩部位，所形成的黑粉瘤消耗大量的植株养分或导致植株空秆不结实，可造成30%~80%的产量损失，严重威胁玉米生产。北方发病重于南方，山区重于平原。

（一）摘除病瘤

在玉米生长期间，结合田间管理，应将发病部位的病原菌“瘤子”，在病瘤未变色时进行人工摘除，用袋子带出田外进行集中深埋或焚烧销毁，减少田间菌源量。切不可随意丢在田间。成熟的病瘤丢在田间后，病瘤产生的黑粉（病原菌）会随风、雨漂移，再次感染玉米幼嫩组织，直到玉米完全成熟。实践证明，摘除销毁病瘤是防治玉米瘤黑粉病的最好措施。

（二）消灭侵染来源

与非禾谷类作物轮作2~3年。早春结合防治玉米螟及时处理玉米秸秆，秋季收获后清除田间病残体，实行深翻土壤，减少初浸染源。

1. 加强水肥管理

在抽雄前后适时灌溉，避免受旱。及时防治玉米螟，尽量减少虫伤和耕作机械损伤。增施钾肥，避免偏氮肥，可增强植株抗性，减轻发病。堆肥等需充分腐熟后施用。

2. 化学防治

用玉米种量0.2%~0.3%的25%三唑酮可湿性粉剂拌种，可减轻受害。发病田块，在细苗期喷0.5%波尔多液，有一定防病作用。

在玉米抽雄前10天左右，用50%福美双可湿性粉剂500~800倍液或50%多菌灵可湿性粉剂800~1 000倍液喷雾，可减轻再侵染为害。

七、小麦锈病

小麦锈病分条锈病、叶锈病和秆锈病三种，是我国小麦生产上发生面积广、为害最严重的一类病害。条锈病主要为害小麦。叶锈病一般只侵染小麦。秆锈病小麦变种除侵染小麦外，还侵染大麦和一些禾本科杂草。

1. 选用抗（耐）锈病丰产良种

2. 加强栽培管理，提高植株抗病力

3. 调节播种期

适当晚播，不宜过早播种。及时灌水和排水。小麦发生锈病后，适当增加灌水次数，可以减轻损失。合理、均匀施肥，避免过多使用氮肥。

4. 药剂防治

播种时可用15%的三唑酮可湿性粉剂拌种，用量为种子重量的0.1%~0.3%。还可兼治白粉病、腥黑穗病、散黑穗病、全蚀病等，于发病初期喷洒20%三唑酮乳油1 000倍液或15%烯唑醇可湿性粉剂 1 000 倍液，可兼治条锈病、秆锈病和白粉病，隔 10~20 天 1 次，防治 1~2 次。

八、小麦叶枯病

小麦叶枯病主要在黄淮平原、长江中下游，以及甘肃、青海等省，各冬春麦区有不同程度发生，叶片光合功能下降。严重发生时叶片黄枯，不能正常灌浆结实，千粒重下降。

1. 选用抗病耐病良种

2. 深翻灭茬

清除病残体，消灭自生麦苗。

3. 农家肥高温堆沤后施用

重病田可考虑轮作。

4. 小麦扬花至灌浆期

用 15%三唑酮可湿性粉剂 60~80 克，对水喷雾，兼治锈病、白粉病，另外对赤霉病防效显著。

九、小麦赤霉病

小麦赤霉病别名麦穗枯、烂麦头、红麦头，是小麦的主要病害之一。小麦赤霉病在全世界普遍发生，但以长江中下游冬麦区流行频率高、损失大。近年来，在华北麦区有明显发展趋势。潮湿和半潮湿区域受害严重。从幼苗到抽穗都可受害，主要引起苗枯、茎基腐、秆腐和穗腐，其中，为害最严重的是穗腐。大流行年份病穗率达 50%~100%，减产 10%~40%。

1. 选用抗病种

2. 深耕灭茬

清洁田园，消灭菌源。

3. 开沟排水

降低田间湿度。

4. 小麦抽穗至盛花期

每亩用40%多菌灵悬浮剂100克或70%甲基硫菌灵可湿粉剂75~100克，对水30~40千克喷雾，如扬花期连续下雨，第一次用药7天后再用药1次。

十、小麦丛矮病

小麦丛矮病在我国分布较广，许多省市均有发病。20世纪60年代在西北及山东即形成为害，有的省低发病的年份在5%左右，大发生年达50%以上，个别田块颗粒无收。暴发成灾时有的县城可绝收和毁种的达千亩。小麦丛矮病主要为害小麦，由北方禾谷花叶病毒引起。小麦、大麦等是病毒主要越冬寄主。

1. 清除杂草、消灭毒源

2. 小麦平作

合理安排套作，避免与禾本科植物套作。

3. 精耕细作

消灭灰飞虱生存环境，压低毒源、虫源。适期连片播种，避免早播。麦田冬灌水保苗，减少灰飞虱越冬。小麦返青期早施肥水提高成穗率。

4. 药剂防治

用种子量1%的26%甲拌磷粉剂拌种堆闷12小时，防效显著。出苗后喷药保护，包括田边杂草也要喷洒，压低虫源，可选用40%氧化乐果乳油、50%马拉硫磷乳油，也可用25%噻嗪酮（扑虱灵、优乐得）可湿性粉剂750~1 000倍液。小麦返青盛期也要及时防治灰飞虱，压低虫源。

第二节 主要虫害

一、麦 蚜

麦蚜是小麦上的主要害虫之一，对小麦进行刺吸为害，影响小麦光合作用及营养吸收、传导。小麦抽穗后集中在穗部为害，形成秕粒，使千粒重降低造成减产。全世界各麦区均有发生。主要为害麦类和其他禾本科作物与杂草，若虫、成虫常大量群集在叶片、茎秆、穗部吸取汁液，被害处初呈黄色小斑，后为条斑，枯萎、整株变枯至死。

成、若蚜刺吸植物组织汁液，引致叶片变黄或发红，影响生长发育，严重时植株枯死。玉米蚜多群集在心叶，为害叶片时分泌蜜露，产生黑色霉状物。别于高粱蚜。在紧凑型玉米上主要为害雄花和上层1~5叶，下部叶受害轻，刺吸玉米的汁液，致叶片变黄枯死，常使叶面生霉变黑，影响光合作用，降低粒重，并传播病毒病造成减产。

1. 选择一些抗虫耐病的小麦品种，造成不良的食物条件

播种前用种衣剂加新高脂膜拌种，可驱避地下病虫，隔离病毒感染，不影响萌发吸胀功能，加强呼吸强度，提高种子发芽率。

2. 冬麦适当晚播，实行冬灌，早春耙磨镇压

作物生长期间，要根据作物需求施肥、给水，保证N、P、K和墒情匹配合理，以促进植株健壮生长。雨后应及时排水，防止湿气滞留。在孕穗期要喷施壮穗灵，强化作物生理机能，提高授粉、灌浆质量，增加千粒重，提高产量。

3. 药剂防治注意抓住防治适期和保护天敌的控制作用

麦二叉蚜要抓好秋苗期、返青和拔节期的防治；麦长管蚜以扬花末期防治最佳。小麦拔节后用药要打足水，每亩用水2~

3 壶才能打透。选择药剂有：40%氧乐果乳油 20~30 毫升/亩或 45%高效氯氰菊酯乳油 20~40 毫升/亩，对水喷雾；每亩用 50%吡蚜酮可湿性粉剂 10 克，对水 50~60 千克喷雾；用 70%吡虫啉水分散粒剂 2 克一壶水或 10%吡虫啉可湿性粉剂 10 克一壶水加 2.5%高效氯氰菊酯乳油 20~30 毫升喷雾防治。

二、麦蜘蛛

小麦红蜘蛛是一种对农作物为害性很大的害虫，小麦、大麦、豌豆、苜蓿等作物一旦被害，常导致植株矮小，发育不良，重者干枯死亡。常分布于山东、山西、江苏、安徽、河南、四川、陕西等地。

因地制宜进行轮作倒茬，麦收后及时浅耕灭茬；冬春进行灌溉，可破坏其适生环境，减轻为害。

必要时用 40%氧乐果乳油，每亩用 50~75 克，掺入 30~40 千克细土撒毒土。

虫口数量大时喷洒 40%氧化乐果乳油 50~75 克，每亩喷对好的药液 30~40 千克。

三、吸浆虫

小麦吸浆虫为世界性害虫，广泛分布于亚洲、欧洲和美洲主要小麦栽培国家。国内的小麦吸浆虫亦广泛分布于全国主要产麦区。

1. 撒毒土

主要目的是杀死表土层的幼虫、蛹和刚羽化的成虫，使其不能产卵。在小麦拔节期用 3%毒死蜱颗粒剂、3%甲基异柳磷颗粒剂，或 3%辛硫磷颗粒剂进行防治，每亩用药量 3 千克，以上药剂任选一种，加细土 20 千克混匀，在 15 时后均匀撒于麦田地表，能大量杀灭幼虫，并抑制成虫羽化。

2. 喷药

在小麦抽穗初期（10%麦穗已经抽出）进行麦田喷雾。主要目的是杀死吸浆虫成虫、卵及初孵幼虫，阻止吸浆虫幼虫钻入颖壳。每亩用48%毒死蜱乳油40毫升、40%氧化乐果乳油100毫升，或20%氰戊菊酯乳油25毫升，以上药剂任选一种，对水20千克撒在小麦穗部。严重地块可喷药2次，间隔5~7天。

3. 熏蒸

每亩用80%的敌敌畏100~150克，对水2千克均匀喷在20千克麦糠上，混合均匀后，在傍晚撒入田间，熏蒸防治成虫。

四、麦叶蜂

麦叶蜂是小麦拔节后常见的一种食叶性害虫，一般年份发生并不严重，个别年份局部地区也可猖獗为害，取食小麦叶片，尤其是旗叶，对产量影响较大。

1. 农业防治

在种麦前深耕时，可把土中休眠的幼虫翻出，使其不能正常化蛹，以致死亡，有条件的地区实行水旱轮作，进行稻麦倒茬，可消灭为害。

2. 药剂防治

每亩用2.5%高效氯氟氰菊酯乳油20毫升加水30千克做地上部均匀喷雾，或2%阿维菌素3 000倍液，早、晚进行喷洒。

3. 人工捕打

利用麦叶蜂幼虫的假死习性，傍晚时进行捕打。

第三节　主要草害

一、稗　草

生于低湿农田、荒地、路旁或浅水中，全国各地均有分布。主要为害水稻，也是稻叶蝉、灰飞虱、稻纵卷叶螟、稻苞虫、稻蓟马、黏虫、二化螟、稻小潜叶蝇等的寄主。

实行水旱轮作，加强对秧田和本田的管理，及时中耕除草，在苗期彻底拔除。药剂可用禾草灵、草灭畏、甲草胺、乙草胺、丁草胺、丙草胺、绿麦隆、扑草净、禾草特、恶草酮、敌稗五氟磺草胺等。

二、马　唐

生于耕地、田边、路旁、村落或房屋周围坡地。主要为害棉花、豆类、花生、瓜类、薯类、玉米、蔬菜、果树等，也是炭疽病、黑穗病、稻纵卷叶螟、黏虫、稻蚜、玉米蚜、稻叶蝉的寄主。

合理轮作，敏感除草剂有禾草灵、吡氟禾草灵、烯禾啶、甲草胺、异丙甲草胺、乙草胺、草灭畏、敌稗、敌草胺、氟乐灵、绿麦隆、禾草丹、地乐酚、西玛津、扑草净、恶草酮、异恶草松、百草敌、茅草枯、草甘膦、灭草敌、都阿混剂、都莠混剂、五氯酚钠、氟吡甲禾灵、伏草隆等。

三、野燕麦

生于田边、路旁、荒地或农田中。混生于各种作物中，以麦田最多，部分小麦、大麦受害较重。

合理安排轮作换茬，播前精选种子，及时中耕除草。药剂防除可用禾草灵、绿麦隆、克草敌、一雷定、丁草敌等。

四、虱子草

生于干旱阳坡地、丘陵山区旱地及干谷、河漫滩、轻盐碱性的耕地及撂荒地，尤其是沙地中分布更多。

敏感除草剂有草甘膦、菌达灭、茅草枯、都阿混剂、都莠混剂、五氯酚钠、敌草胺等。

第九章　常见蔬菜病虫害防控技术

第一节　瓜类蔬菜

一、黄瓜霜霉病

黄瓜霜霉病是黄瓜的主要病害之一，发生最普遍，常具有毁灭性。其他瓜类植物如甜瓜、丝瓜、冬瓜也有霜霉病的发生。西瓜抗病性较强，很少受害。

1. 选用抗病品种

晚熟品种比早熟品种抗性强。但一些抗霜霉病的品种往往对枯萎病抗性较弱，应注意对枯萎病的防治。抗病品种有：津研2号、6号，津杂1号、2号，津春2号、4号，京旭2号，夏青2号，鲁春26号，宁丰1号、2号，郑黄2号，吉杂2号，夏丰1号，杭青2号，中农3号等，可根据各地的具体情况选用。

2. 栽培无病苗，提高栽培管理水平

采用营养钵培育壮苗，定植时严格淘汰病苗。定植时应选择排水好的地块，保护地采用双垄覆膜技术，降低湿度；浇水在晴天上午，灌水适量。采用配方施肥技术，保证养分供给。及时摘除老叶、病叶，提高植株内通风透光性。此外，保护地还可采用以下防治措施。

（1）生态防治。根据天气条件，在早晨太阳未出时排湿气

40~60 分钟，上午闭棚，控制温度在 25~30℃，低于 35℃；下午放风，温度控制在 20~25℃，相对湿度在 60%~70%，低于 18℃停止放风。傍晚条件允许可再放风 2~3 小时。夜温度应保持在 12~13℃；外界气温超过 13℃，可昼夜放风，目的是将夜晚结露时间控制在 2 小时以下或不结露。

（2）高温闷棚。在发病初期进行。选择晴天上午闭棚，使生长点附近温度迅速升高至 40℃，调节风口，使温度缓慢升至 45℃，维持 2 小时，然后大放风降温。处理时若土壤干燥，可在前一天适量浇水，处理后适当追肥。每次处理间隔 7~10 天。注意：棚温度超过 47℃会烤伤生长点，低于 42℃效果不理想。

3. 药剂防治

在发病初期用药，保护地用 45%百菌清烟雾剂（安全型）每亩 200~300 克，分放在棚内 4~5 处，密闭熏蒸 1 夜，次日早晨通风。隔 7 天熏 1 次。或用 5%百菌清粉尘剂、5%春雷·王铜粉尘剂每亩 1 千克，隔 10 天 1 次。

露地可用 69%烯酰·锰锌可湿性粉剂 1 500 倍液、72.2%霜霉威盐酸盐水剂 800 倍液、72%霜脲·锰锌可湿性粉剂 500~750 倍液、70%丙森锌可湿性粉剂 500~700 倍液、25%甲霜灵可湿性粉剂 800 倍液、40%三乙膦酸铝水溶性粉剂 300 倍液、64%噁霜·锰锌可湿性粉剂 500 倍液、80%代森锰锌湿性粉剂 600 倍液。

二、瓜类枯萎病

瓜类枯萎病又称蔓割病、萎蔫病，是瓜类植物的重要土传病害，各地有不同程度的发生。病害为害维管束、茎基部和根部，引起全株发病，导致整株萎蔫以至枯死，损失严重。主要为害黄瓜、西瓜，亦可为害甜瓜、西葫芦、丝瓜、冬瓜等葫芦科作物，但南瓜和瓠瓜对枯萎病免疫。

（一）症状

该病的典型症状是萎蔫。田间发病一般在植株开花结果后。发病初期，病株表现为全株或植株一侧叶片中午萎蔫似缺水状，早晚可恢复；数日后整株叶片枯萎下垂，直至整株枯死。主蔓基部纵裂，裂口处流出少量黄褐色胶状物，潮湿条件下病部常有白色或粉红色霉层。纵剖病茎，可见维管束呈褐色。

幼苗发病，子叶变黄萎蔫或全株枯萎；茎基部变褐，缢缩，导致立枯。

（二）防治方法

1. 选育

利用抗病品种。黄瓜晚熟品种较抗病，如长春密刺、山东密刺、中农 5 号。将瓠瓜的抗性基因导入西瓜培育出了系列抗病品种，目前开始在生产上应用。

2. 农业防治

与非瓜类植物轮作至少 3 年以上，有条件可实施 1 年的水旱轮作，效果也很好。育苗采用营养钵，避免定植时伤根，减轻病害。施用腐熟粪肥。结果后小水勤灌，适当多中耕，使根系健壮，提高抗病力。

3. 嫁接防病

西瓜与瓠瓜、扁蒲、葫芦、印度南瓜，黄瓜与云南黑籽南瓜等嫁接，成活率都在 90%以上。但果实的风味稍受影响。

4. 药剂防治

种子处理可用 60%多菌灵可湿性粉剂 1 000 倍液浸种 60 分钟；定植前 20~25 天用 95%棉隆对土壤处理，10 千克药剂拌细土每亩 120 千克，撒于地表，耕翻 20 厘米，用薄膜盖 12 天熏蒸土壤；苗床用 50%多菌灵可湿性粉剂 8 克/平方米配成药土进行消毒；或用 50%多菌灵每亩 4 千克配成药土施于定植穴内。

发病初期可用 20%甲基立枯磷乳油 1 000 倍液、50%多菌灵 500 倍液、70%甲基硫菌灵可湿性粉剂 500~600 倍液、50%代森铵 200 倍液泼浇，每株用药液 100 毫升，隔 10 天 1 次，连续 3~4 次。并用上述药剂按 1∶10 的比例与面粉调成稀糊涂于病茎，效果较好。

5. 生物防治

用木霉菌等拮抗菌拌种或土壤处理也可抑制枯萎病的发生。台湾研究用含有腐生镰刀菌和木霉菌的 20%玉米粉、1%水苔粉、1.5%硫酸钙与 0.5%磷酸氢二钾混合添加物，施入西瓜病土中，防效达 92%。

三、瓜类白粉病

瓜类白粉病在葫芦科蔬菜中，以黄瓜、西葫芦、南瓜、甜瓜、苦瓜发病最重，冬瓜和西瓜次之，丝瓜抗性较强。

（一）症状

白粉病自苗期至收获期都可发生，但以中后期为害重。主要为害叶片，一般不为害果实；初期叶片正面和叶背面产生白色近圆形的小粉斑，以后逐渐扩大连片。白粉状物后期变成灰白色或红褐色，叶片逐渐枯黄发脆，但不脱落。秋季病斑上出现散生或成堆的黑色小点。

（二）防治方法

宜选用抗病品种和加强栽培管理为主，配合药剂防治的综合措施。

1. 选用抗病品种

一般抗霜霉病的黄瓜品种也较抗白粉病。

2. 加强栽培管理

注意田间通风透光，降低湿度，加强肥水管理，防止植株徒长和早衰等。

3. 温室熏蒸消毒

白粉菌对硫敏感，在幼苗定植前2~3天，密闭棚室，每100立方米用硫黄粉250克和锯末粉500克（1∶2）混匀，分置几处的花盆内，引燃后密闭一夜。熏蒸时，棚室内温度应维持在20℃左右。也可用45%百菌清烟剂，用法同黄瓜霜霉病。

4. 药剂防治

目前防治白粉病的药剂较多，但连续使用易产生抗药性，应注意交替使用。

所用药剂有：40%氟硅唑乳油8 000~10 000倍液、30%氟菌唑可湿性粉剂1 500~2 000倍液、70%甲基硫菌灵可湿性粉剂1 000倍液、15%三唑酮可湿性粉剂1 500倍液、40%多·硫悬浮剂500~600倍液、40%腈菌唑可湿性粉剂7.5~10克/亩等。

注意：西瓜、南瓜抗硫性强，黄瓜、甜瓜抗硫性弱，气温超过32℃，喷硫制剂易发生药害。但气温低于20℃时防效较差。

四、瓜类炭疽病

瓜类炭疽病是瓜类植物的主要病害，以西瓜、甜瓜和黄瓜受害严重，冬瓜、瓠瓜、葫芦、苦瓜受害较轻，南瓜、丝瓜比较抗病。此病不仅在生长期为害，在储运期病害还可继续蔓延，造成大量烂瓜，加剧损失。

（一）症状

病害在苗期和成株期都能发生，植株子叶、叶片、茎蔓和果实均可受害。症状因寄主的不同而略有差异。

（1）苗期。子叶边缘出现圆形或半圆形、中央褐色并有黄绿色晕圈的病斑；茎基部变色、缢缩，引起幼苗倒伏。

（2）成株期。西瓜和甜瓜的叶片病斑黑色，纺锤形或近圆形，有轮纹和紫黑色晕圈；茎蔓和叶柄病斑椭圆形，略凹陷，有时可绕茎一周造成死蔓。果实多为近成熟时受害，由暗绿色水浸状小斑点扩展为暗褐至黑褐色的近圆形病斑，明显凹陷龟裂；湿度大时，表面有粉红色黏状小点；幼瓜被害，全果变黑皱缩腐烂。

黄瓜的症状与西瓜和甜瓜相似，叶片上病斑也为近圆形，但为黄褐色或红褐色，病斑的晕圈为黄色，病斑上有时可见不清晰的小黑点，潮湿时也产生粉红色黏状物，干燥时病部开裂或脱落。瓜条在未成熟时不易受害，近成熟瓜和留种瓜发病较多，由最初的水渍状小斑点扩大为暗褐色至黑褐色、稍凹陷的病斑，上生有小黑点或粉红色黏状小点；茎蔓和叶柄上的症状与西瓜、甜瓜相似。

（二）防治方法

采用抗病品种或无病良种，结合农业措施预防病害，再辅以药剂保护的综合防治措施。

1. 选用抗（耐）病品种

合理品种布局瓜类作物的品种对炭疽病的抗性差异明显，但抗性有逐年衰减的规律，应注意品种的更新。目前黄瓜品种可用津杂1号、津杂2号，津研7号等；西瓜品种可用红优2号、丰收3号、克伦生等。

2. 种子处理

无病株采种，或播前用55℃温水浸种15分钟，迅速冷却后催芽。或用40%福尔马林100倍液浸种30分钟，用清水洗净后催芽；注意西瓜易产生药害，应先试验，再处理。或50%多菌灵可湿性粉剂500倍液浸种60分钟，或每千克种子用2.5%咯菌腈4~6毫升包衣，均可减轻为害。

3. 加强栽培管理

与非瓜类作物实行3年以上轮作；覆盖地膜，增施有机肥和磷钾肥；保护地内控制湿度在70%以下，减少结露；田间操作应在露水干后进行，防止人为传播病害。采收后严格剔除病瓜，储运场所适当通风降温。

4. 药剂防治

可选用：80%代森锰锌可湿性粉剂800倍液、25%咪鲜胺乳油4 000倍液、80%福·福锌可湿性粉剂800倍液、50%多菌灵可湿性粉剂500倍液、70%福·福锌可湿性粉剂800倍液、65%代森锌可湿性粉剂500倍液；75%百菌清可湿性粉剂500倍液、2%农抗120水剂200倍液或2%武夷霉素水剂200倍液等。保护地内在发病初期，也可用45%百菌清烟雾剂每亩250~300克，效果也很好。每7天左右喷1次药，连喷3~4次。

五、黄瓜黑星病

黄瓜黑星病是一种世界性病害，20世纪70年代前我国仅在东北地区温室中零星发生，80年代以来，随着保护地黄瓜的发展，这种病害迅速蔓延和加重，目前已扩展到了黑龙江、吉林、辽宁、河北、北京、天津、山西、山东、内蒙古、上海、四川和海南12省、市、区。目前此病已成为我国北方保护地及露地栽培黄瓜的常发性病害，一般损失可达10%~20%，严重可达50%以上，甚至绝收。该病除为害黄瓜外，还侵染南瓜、西葫芦、甜瓜、冬瓜等葫芦科蔬菜，是生产上亟待解决的问题。

（一）症状

整个生育期均可发生，其中嫩叶、嫩茎及幼瓜易感病，真叶较子叶敏感。子叶受害，产生黄白色近圆形斑，发展后引致全叶干枯；嫩茎发病，初呈现水渍状暗绿色梭形斑，后变暗色，凹陷龟裂，湿度大时病斑上长出灰黑色霉层（分生孢子梗和分生孢子）；生长点附近嫩茎被害，上部干枯，下部往往丛生腋芽。成株期叶片被害，开始出现褪绿的近圆形小斑点，干枯后呈黄白色，容易穿孔，孔的边缘不整齐略皱，且具黄晕，穿孔后的病斑边缘一般呈星纹状；叶柄、瓜蔓被害，病部中间凹陷，形成疮痂状病斑，表面生灰黑色霉层；卷须受害，多变褐色而腐烂；生长点发病，经两三天烂掉形成秃桩。病瓜向病斑内侧弯曲，病斑初流半透明胶状物，以后变成琥珀色，渐扩大为暗绿色凹陷斑，表面长出灰黑色霉层，病部呈疮痂状，并停止生长，形成畸形瓜。

（二）防治方法

1. 加强检疫，选用无病种子

严禁在病区繁种或从病区调种。做到从无病地留种，采用冰冻滤纸法检验种子是否带菌。带病种子进行消毒，可采用温汤浸种法，即 50℃温水浸种 30 分钟，或 55～60℃恒温浸种 15 分钟，取出冷却后催芽播种。亦可用 50%多菌灵或 50%克菌丹可湿性粉剂拌种。

2. 选用抗病品种

如青杂 1 号、青杂 2 号、白头霜、吉杂 1 号、吉杂 2 号、中农 11、中农 13、津研 7 号等。

3. 加强栽培管理

覆盖地膜，采用滴灌等节水技术，轮作倒茬，重病棚（田）应与非瓜类作物进行 2 年以上轮作。施足充分腐熟肥作基肥，适时追肥，避免偏施氮肥，增施磷、钾肥。合理灌水，尤其定植后至结瓜期控制浇水十分重要。保护地黄瓜尽可能采用生态防治，尤其要注意湿度管理，采用放风排湿、控制灌水等措施降低棚内湿度。冬季气温低应加强防寒、保暖措施，使秧苗免受冻害。白天控温 28～30℃，夜间 15℃，相对湿度低于 90%。增强光照，促进黄瓜健壮生长，提高抗病能力。

4. 药剂防治

（1）药剂浸种。50%多菌灵 500 倍液浸种 20～30 分钟后，冲净再催芽，或用冰醋酸 100 倍液浸种 30 分钟。播种时可用种子重量 0.3%～0.4%的 50%多菌灵或 50%克菌丹拌种，均可取得良好的杀菌效果。

（2）熏蒸消毒。温室或大棚定植前 10 天，每 55 立方米空间用硫黄粉 0.13 千克，锯末 0.25 千克混合后分放数处，点燃后密闭大棚，熏 1 夜。

（3）发病初期及时摘除病瓜，立即喷药防治。采用粉尘法或烟雾法，于发病初期开始用喷粉器喷撒 10%多百粉尘剂，每公顷用药 1.5 千克；或施用 45%百菌清烟剂，每公顷用药 1～1.35 千克，连续 3～4 次。

（4）棚室或露地发病初期可喷洒下列杀菌剂：50%多菌灵+70%代森锰锌、50%扑海因、65%甲霜·噁霉灵、40%氟硅唑、50%咪鲜胺锰盐等，隔 7～10 天 1 次，连续 3～4 次。也可用 10%多百粉尘剂。

六、黄瓜菌核病

黄瓜菌核病是保护地黄瓜栽培的重要病害，一般发病田块减产 10%～30%，严重的可减产 90%以上。该病除为害黄瓜外，还为害甘蓝、白菜、萝卜、番茄、茄子、辣椒、莴苣、芹菜等蔬菜。

（一）症状

叶、果实、茎等部位均可被侵染。叶片染病始于叶缘，初呈水浸状，淡绿色，湿度大时长出少量白霉，病斑呈灰褐色，蔓延速度快，致叶枯死。幼瓜发病先从残花部，成瓜发病先从瓜尖开始发病，向瓜柄部扩展；病部初呈灰绿色到黄绿色，水浸状软化，随后病部长满白色棉絮状菌丝层，不久在菌丝层里长出菌核，最后瓜落地腐烂。茎染病多在茎基部，初生现水渍状病斑，逐渐扩大使病茎变褐软腐，产生白色菌丝和黑色菌核，除在茎表面形成菌核外，剥开茎部，可发现大量菌核，严重时植株枯死。

（二）防治方法

1. 农业防治

（1）土壤深翻15厘米以上，阻止菌核萌发。

（2）实行轮作，培育无病壮苗。未发病的温室或大棚忌用病区培育的幼苗，防止菌核随育苗土传播。

（3）清除田间杂草，有条件的覆盖地膜，抑制菌核萌发及子囊盘出土。发现子囊盘出土，及时铲除，集中销毁。

（4）加强管理，注意通风排湿，减少传播蔓延。

2. 药剂防治

棚室采用烟雾法或粉尘法。于发病初期，每亩用10%速克灵烟剂250~300克熏1夜；也可于傍晚喷撒5%百菌清粉尘剂，每亩每次用药1千克，隔7~9天1次。同时于发病初期用40%菌核净可湿性粉剂500倍液，或50%腐霉利可湿性粉剂1 500倍液，或50%异菌脲可湿性粉剂1 500倍液，或80%多菌灵可湿性粉剂600倍液，或20%甲基立枯磷乳油800倍液等药剂交替喷雾使用。隔7~10天1次，连续防治3~4次。

七、黄瓜蔓枯病

黄瓜蔓枯病是黄瓜栽培中的一种主要病害，在保护地和露地黄瓜上均有发生，常在很短的时间内造成瓜蔓整垄整片地萎蔫，一般减产15%~30%。特别是在高温多雨季节发生严重，严重威胁黄瓜生产。由于瓜农长期单一使用化学农药，致使病菌产生了强烈的抗药性，防治效果越来越差，黄瓜产量和质量受到明显影响。

（一）症状

茎蔓、叶片和果实等均可受害。茎被害时，靠近茎节部呈现油渍状病斑，椭圆形或棱形，灰白色，稍凹陷，分泌出琥珀色的胶状物。干燥时病部干缩，纵裂呈乱麻状，表面散生大量小黑点。潮湿时病斑扩展较快，绕茎一圈可使上半部植株萎蔫枯死，病部腐烂。叶子上的病斑近圆形，有时呈“V”字形或半圆形，淡褐色至黄褐色，病斑上有许多小黑点，后期病斑容易破碎，病斑轮纹不明显。果实多在幼瓜期花器感染，果肉淡褐色软化，呈心腐状。

（二）防治方法

1. 农业防治

（1）选用抗病、耐病品种。津优2号、津优3号、津研2号等抗病性较好，可因地制宜优先选用。

（2）种子处理。选用无病种子或在播种前先用55℃温水浸种15分钟，捞出后立即投入冷水中浸泡2分钟至4小时，再催芽播种；或用50%福美双可湿性粉剂以种子重量的0.3%拌种。

（3）实行轮作。最好实行2~3年非瓜类作物轮作。

（4）加强栽培管理。增施有机肥，适时追肥，在施氮肥时要配合磷钾肥，促使植株生长健壮。及时进行整枝搭架，适时采收。保护地栽培要以降低湿度为中心，实行垄作，覆盖地膜，膜下暗灌，合理密植，加强通风透光，减少棚室内湿度和滴水。露地栽培避免大水漫灌。雨季加强防涝，降低土壤水分。发病后适当控制浇水。及时摘除病叶，收获后烧毁或深埋病残体。

2. 药剂防治

选用高效、低毒残留药剂防治。发病初期及时喷药防治，可用75%百菌清可湿性粉剂600倍液，或70%代森锰锌可湿性粉剂500倍液，或70%甲基硫菌灵可湿性粉剂500倍液，每5~7天喷1次，视病情连喷2~3次，重点喷洒瓜秧中下部茎叶和地面。发病严重时，茎部病斑可用70%代森锰锌可湿性粉剂500倍液涂抹，效果较好。棚室栽培可用45%百菌清烟雾剂熏蒸，每亩用量110~180克，分放5~7处，傍晚点燃后闭棚过夜，7天熏1次，连熏3次，可获理想的防治效果。需要注意的是，合理混用或交替使用化学农药，可延缓病菌抗药性产生，大大提高防治效果。

八、黄瓜细菌性角斑病

黄瓜细菌性角斑病是我国北方保护地黄瓜的一种重要病害。寄主是黄瓜、葫芦、西葫芦、丝瓜、甜瓜、西瓜等。随着近年来塑料大棚栽培的普及，该病的为害日趋严重。一些老菜区减产10%~30%，严重的减50%以上，甚至绝收。全国各地均有发生，东北、华北发生重。

（一）症状

主要为害叶片，也为害茎、叶柄、卷须、果实等。叶片受害，先是叶片上出现水浸状的小病斑，病斑扩大后因受叶脉限制而呈多角形，黄褐色，带油光，叶背面无黑霉层，后期病斑中央组织干枯脱落形成穿孔。果实和茎上病斑初期呈水浸状，湿度大时可见乳白色菌脓。果实上病斑可向内扩展，沿维管束的果肉逐渐变色，果实软腐有异味。卷须受害，病部严重时腐烂折断。

细菌性角斑病与霜霉病的主要区别有：一是病斑形状、大小。细菌性角斑病的叶部症状是病斑较小，而且棱角不像霜霉病明显，有时还呈不规则形。霜霉病的叶部症状是形成较大的棱角明显的多角形病斑，后期病斑会连成一片。二是叶背面病斑特征。将病叶采回，用保温法培养病菌，24小时后观察。病斑为水渍状，产生乳白色菌脓（细菌病征）者，为细菌性角斑病；病斑长出紫灰色或黑色霉层者为霜霉病。湿度大的棚室，清晨观察叶片，就能区分。三是病斑颜色。细菌性角斑病变白、干枯、脱落为止；霜霉病病斑末期变深褐色，干枯为止。四是病叶对光的透视度。有透光感觉的是细菌性角斑病；无透光感觉的是霜霉病。五是穿孔。细菌性角斑病病斑后期易开裂形成穿孔；霜霉病的病斑不穿孔。

（二）防治方法

由于黄瓜角斑病的症状类似黄瓜霜霉病，所以防治上易混淆，造成严重损失。

1. 选用抗、耐病品种

中国、日本等国家对已有的品种进行人工接菌鉴定，还没有发现免疫品种，但品种间发病程度有明显差异，津研 2 号、津研 6 号、津早 3 号、黑油条、夏青、全青、鲁青、光明、鲁黄瓜四号等为抗性品种。

2. 选用无病种子

从无病植株或瓜条上留种，瓜种用 70℃ 恒温干热灭菌 72 小时，或 50~52℃ 温水浸种 20 分钟，捞出晾干后催芽播种；或转入冷水泡 4 小时，再催芽播种。用代森铵水剂 500 倍液浸种 1 小时取出，用清水冲洗干净后催芽播种；用次氯酸钙 300 倍液浸种 30~60 分钟，或 40% 福尔马林 150 倍液浸 1.5 小时，或 100 万单位硫酸链霉素 500 倍液浸种 2 小时，冲洗干净后催芽播种；也可每克种子用新植霉素 200 微克浸种 1 小时，用清水浸 3 小时催芽播种。

3. 加强田间管理

培育无病种苗，用无病土苗床育苗；与非瓜类作物实行 2 年以上轮作；生长期及收获后清除病叶，及时深埋。保护地适时放风，降低棚室湿度，发病后控制灌水，促进根系发育，增强抗病能力；露地实施高垄覆膜栽培，平整土地，完善排灌设施，收获后清除病株残体、翻晒土壤等。在基肥和追肥中注意加施偏碱性肥料。

4. 药剂防治

可选用5%百菌清粉尘或5%春雷·王铜粉尘每亩1千克或新植霉素、农用链霉素5 000倍液，喷雾防治，每7天1次，连续2~3次。也可喷30%或50%琥胶肥酸铜、50%代森锌、50%甲霜铜、50%代森铵、14%络氨铜、46%氢氧化铜等，连防3~4次。日本北兴化学株式会社生产的2%春雷霉素水剂对该病有很好的防效。与霜霉病同时发生时，可喷施70%甲霜铝铜或50%瑞毒铜。也可选择粉尘法，即喷撒5%百菌清或10%脂铜粉尘剂。

九、叶螨类

1. 农业防治

种植后合理灌溉并适当施用磷肥，使植株健壮生长，提高抗螨害能力。果实收获时及时清理田间枯枝落叶，消灭虫源，清除杂草寄主。

2. 药剂防治

加强田间管理，及时进行检查，当点片发生时即进行挑治，用1.8%阿维菌素乳油1 000~2 000倍液喷雾；还可选5%氟虫脲（卡死克）乳油1 000~2 000倍液、73%炔螨特乳油2 000~2 500倍液、5%噻螨酮乳油1 500~2 000倍液、20%四螨嗪悬浮剂2 000~2 500倍液等喷雾防治，7~10天喷1次，共2~3次，但要确保在采收前半个月使用。初期发现中心虫株时要重点防治，并需经常更换农药品种，以防抗性产生。

十、瓜蚜（棉蚜）

1. 农业防治

种植时选用抗蚜品种，如黄瓜的碧玉 3 号等。种植后合理灌溉并适当施用磷肥，使植株健壮生长，提高其抗蚜能力。果实收获时及时清理田间枯枝落叶、消灭虫源、清除寄主杂草，以压低虫口基数。

2. 生物防治

天敌是抑制蚜虫的重要因素，瓜蚜的主要天敌有瓢虫、草蛉、食蚜蝇、食蚜瘿蚊、寄生蜂、捕食螨、蚜霉菌等，要加以保护利用。禁止大面积上滥用农药，以免杀伤、杀死大量天敌，导致蚜虫严重发生。

3. 药剂防治

零星发生时，通过涂瓜蔓的方法，挑治“中心蚜株”；当瓜蚜普遍严重发生时，可用药剂喷雾防治。可选药剂主要有：5%鱼藤酮乳油 600~800 倍液、2.5%高效氯氰菊酯乳油 4 000 倍液。

第二节　豆类蔬菜

一、豆科蔬菜锈病

豆科蔬菜锈病是豆科蔬菜的主要病害之一，在我国各地均有发生，对产量影响较大。

（一）症状

主要为害叶片（正反两面），也可为害豆荚、茎、叶柄等部位。最初叶片上出现黄绿色小斑点，后发病部位变为棕褐色、直径 1 毫米左右的粉状小点，为锈菌的夏孢子堆。其外围常有黄晕，夏孢子堆 1 个至数个不等。

发病后期或寄主衰老时长出黑褐色的粉状小点，为锈菌的冬孢子堆。有时可见叶片的正面及荚上产生黄色小粒点，为病菌的性孢子器；叶背或荚周围形成黄白色的绒状物，为病菌的锈孢子器。但一般不常发生。

（二）防治方法

1. 选育抗病品种

品种抗病性差别大，在菜豆蔓生种中细花种比较抗病，而大花、中花品种则易感病。可选择适合当地栽培的品种。

2. 加强管理

及时清除病残体并销毁，采用配方施肥技术，适当密植。

3. 药剂防治

发病初期及时喷药防治。药剂有：15%三唑酮可湿性粉剂1 000~1 500倍液、50%萎锈灵可湿性粉剂1 000倍液、25%丙环唑乳油3 000倍液、12. 5%烯唑醇可湿性粉剂4 000~5 000倍液、80%代森锌可湿性粉剂500倍液、70%代森锰锌可湿性粉剂1 000倍液+15%三唑酮可湿性粉剂2 000倍液等均有效。15天喷药1次，共喷药1~2次即可。

二、菜豆炭疽病

（一）症状

菜豆整个生育期皆可发生炭疽病，且对叶片、茎、荚果及种子皆可为害。幼苗染病，多在子叶上出现红褐色至黑褐色圆形或半圆形病斑，呈溃疡状凹陷；或在幼苗茎部出现锈色条状病斑，稍凹陷或龟裂，绕茎扩展后幼苗易折腰倒伏，终致枯死。成株叶片病斑近圆形，如病斑在叶脉处，沿叶脉扩展时成多角形条斑，初红褐色，后转黑褐色，终呈灰褐色至灰白色枯斑，病斑易破裂或穿孔。叶柄和茎上病斑暗褐色短条状至长圆形，中部凹陷或龟裂。豆荚染病，初呈褐色小点，后扩大呈近圆形斑。稍凹陷，边缘隆起并出现红褐色晕圈，病斑向荚内纵深扩展，致种子染病，呈现暗褐色不定形斑。潮湿时上述各病部表面出现朱红色黏质小点病征（病菌分孢盘和分生孢子）。

（二）防治方法

1. 因地制宜地选育和选用抗病高产良种

2. 选用无病种子，播前种子消毒

（1）可用种子重量0.3%的50%多菌灵可湿性粉剂、40%三唑酮·多菌灵可湿性粉剂、50%福美双可湿性粉剂拌种。

（2）药液浸种。用福尔马林200倍液浸种30分钟，水洗后催芽播种；或40%多·硫悬浮剂600倍液浸种30分钟。

3. 抓好以肥水为中心的栽培防病措施

（1）整治排灌系统，低湿地要高畦深沟，降低地下水位，适度浇水，防大水漫灌，雨后做好清沟排渍。

（2）施足底肥，增施磷钾肥，适时喷施叶面肥，避免偏施氮肥。注意田间卫生，温棚注意通风，排湿降温。

4. 及早喷药控病

于抽蔓或开花结荚初期发病前喷药预防，最迟于见病时喷药控病，以保果为重点。可选喷70%甲基硫菌灵可湿性粉剂800倍液+75%百菌清可湿性粉剂（1∶1）800倍液，或30%氧氯化铜+65%代森锰锌（1∶1，即混即喷），或80%福·福锌可湿性粉剂500倍液，或农抗120水剂200倍液，或50%咪鲜胺锰盐可湿性粉剂1 000倍液，2~3次或更多，隔7~15天1次，前密后疏，交替喷施，喷匀喷足。温棚可使用45%百菌清烟剂［4 500克/（公顷·次）］。

三、菜豆枯萎病

（一）症状

一般花期开始发病，病害由茎基迅速向上发展，引起茎一侧或全茎变为暗褐色，凹陷，茎维管束变色。病叶叶脉变褐，叶肉发黄，继而全叶干枯或脱落。病株根变色，侧根少。植株结荚显著减少，豆荚背部及腹缝合线变黄褐色，全株渐枯死。急性发病时，病害由茎基向上急剧发展，引起整株青枯。

（二）防治方法

（1）选用抗病品种。

（2）种子消毒。用种子重量0.5%的50%多菌灵可湿性粉剂拌种。

（3）与白菜类、葱蒜类实行3～4年轮作，不与豇豆等连作。

（4）高垄栽培，注意排水。

（5）药剂防治。发病初期开始药剂灌根，选用的药剂有：96%恶霉灵粉剂3 000倍液+“天达-2116”1 000倍液、75%百菌清（达科宁）可湿性粉剂600倍液、50%咪鲜胺锰盐可湿性粉剂500倍液、43%戊唑醇悬浮剂3 000倍液、70%甲基硫菌灵可湿性粉剂500倍液、20%甲基立枯磷乳油200倍液、60%吡唑·代森联可分散粒剂1 500倍液、10%苯醚甲环唑水分散粒剂1 500倍液、50%多菌灵可湿性粉剂500倍液等，每株灌250毫升，每10天1次，连续灌根2~3次。

（6）及时清理病残株，带出田外，集中烧毁或深埋。

四、菜豆细菌性疫病

又名菜豆叶烧病、菜豆火烧病。寄主菜豆、豇豆、扁豆、小豆、绿豆等多种植物。菜豆常见病。发生普遍，为害较重，轻者可减产10%左右，重者减产幅度可达到20%以上。全国各地均有发生。

（一）症状

主要为害幼苗、叶片、茎蔓、豆荚和种子。

幼苗：发病子叶红褐色溃疡状，叶柄基部出现水浸状病斑，发展后为红褐色，绕茎一周后幼苗即折断、干枯。

叶片：多从叶尖或叶缘开始，初呈暗绿色油渍状小斑点，后扩大为不规则形，病部干枯变褐，半透明，周围有黄色晕圈。病部常溢出淡黄色菌脓，干后呈白色或黄白色菌膜。重者叶上病斑很多，常引起全叶枯凋，但暂不脱落，经风吹雨打后，病叶碎裂。高温高湿环境下，部分病叶迅速萎凋变黑。

茎蔓：茎蔓受害，茎上病斑呈红褐色溃疡状条斑，中央稍凹陷，当病斑围茎蔓一周时，其上部茎叶萎蔫枯死。

豆荚：豆荚上的病斑呈圆形或不规则形，红褐色，后为褐色，病斑中央稍凹陷，常有淡黄色菌脓，病重时全荚皱缩。

种子：种子发病时表面上出现黄色或黑色凹陷小斑点，种脐部常有淡黄色菌脓溢出。

（二）防治方法

1. 农业防治

（1）与非豆科蔬菜实行2~3年的轮作。

（2）选用抗病品种，蔓生种较矮生种抗病。从无病田留种。

（3）及时除草，合理施肥和浇水。拉秧后应清除病残体，集中深埋或烧毁。

2. 物理防治

播种前种子用45℃恒温水浸种10分钟。

3. 药剂防治

（1）播种前种子用高锰酸钾1 000倍液浸种10~15分钟，

或用硫酸链霉素 500 倍液浸种 24 小时。

（2）开沟播种时，用高锰酸钾 1 000 倍溶液浇到沟中，待药液渗下后播种。

（3）发病初期喷 14%络氨铜水剂 300 倍液，或 77%氢氧化铜可湿性粉剂 500 倍液，或 50%琥胶肥酸铜可湿性粉剂 500 倍液，或 72%农用硫酸链霉素可溶粉剂 3 000~4 000 倍液，或新植霉素 4 000 倍液。每隔 7~10 天喷 1 次，连续 2~3 次。

五、豇豆煤霉病

豇豆煤霉病又称为叶霉病，各地均有发生，是豇豆的常见病和主要病害，染病后叶片干枯脱落，对产量影响较大。除豇豆外，还可为害菜豆、蚕豆、豌豆和大豆等豆科作物。

（一）症状

主要为害叶片，在叶两面出现直径 1~2 厘米多角形的褐色病斑，病、健交界不明显，病斑表面密生灰黑色霉层，尤以叶背最多。严重时，病斑相互连片，引起叶片早落，仅留顶端嫩叶。

（二）防治方法

采取加强栽培管理为主、药剂防治为辅的防治措施。

（1）加强栽培管理。收获后清除病残体，实行轮作，施足腐熟有机肥，配方施肥；合理密植，保护地要及时通风，以增强田间通风透光性，防止湿度过大。发病初期及时摘除病叶，减轻后期发病。

（2）药剂防治。发病初期喷施 25%多菌灵可湿性粉剂 400 倍液、70%甲基硫菌灵可湿性粉剂 500~600 倍液、46%氢氧化铜水分散粒剂 500 倍液、40%多·硫悬浮剂 800 倍液、14%络氨铜水剂 300 倍液，隔 10 天 1 次，连续用药 2~3 次。

六、豆荚螟

（一）农业防治

种植抗虫品种：抗豆荚螺品种主要体现在拒产卵，导致豆荚螟末龄幼虫体重下降、蛹期延长、羽化的雌成虫个体较小和生殖退化。豆荚螟在抗性差的豇豆品种上产卵量多，不同品种的花和荚上的幼虫数量存在显著差异，说明不同豇豆品种对豆荚螟的抗性有显著差异。

加强田间管理：结合施肥，浇水，铲除杂草，清除落花、落叶和落荚，以减少成虫的栖息地和残存的幼虫和蛹。收获后及时清地翻耕，并灌水以消灭土表层内的蛹。

（二）物理防治

灯光诱杀：由于成虫对黑光灯的趋性不如白炽灯强，灯下蛾峰不明显，建议从5月下旬至10月于21—22时在豇豆田间放置频振式杀虫灯或悬挂白炽灯诱杀成虫，灯位要稍高于豆架。

人工采摘被害花荚和捕捉幼虫：豆荚螟在田间的为害状明显，被害花、荚上常有蛀孔，且蛀孔外堆积有粪便。因此，结合采收摘除被害花、荚，集中销毁，切勿丢弃于田块附近，以免该虫再次返回田间为害。

使用防虫网：在保护地使用防虫网，对豆荚螟的防治效果明显，与常规区相比，防效可达到100%，有条件的地区可在豆荚螟的发生期全程使用防虫网，可大幅度提高豇豆的产量。

（三）生物防治

性信息素：利用雌蛾性腺粗提物进行虫情预测预报，根据性腺粗提物进行田间诱捕。

自然天敌的保护和利用：豆荚螟的天敌主要包括微小花蝽、屁步甲、黄喙蜾蠃、赤眼蜂、非洲姬蜂、安塞寄蝇、菜蛾盘绒茧蜂等寄生性天敌；蠼螋、猎蝽、草间钻头蛛、七星瓢虫、龟纹瓢虫、异色瓢虫、草蛉和蚂蚁等捕食性天敌；真菌、线虫等致病微生物。凹头小蜂是寄生蛹的优势种，同时，16 000 国际单位/毫克苏云金芽孢杆菌每亩 100~150 克制剂可以引起豆荚螟幼虫很高的死亡率。

（四）化学防治

20%甲氰菊酯乳油 2 000 倍液和 1.8%阿维菌素乳油 5 000 倍液对豆荚螟具有较好的控制效果。此外，0.2%甲氨基阿维菌素苯甲酸盐乳油 800 倍液、2.0%阿维菌素乳油 2 000 倍液和 200 克/升氯虫苯甲酰胺悬浮剂对豆荚螟均有较好的防效。

第三节　茄果类蔬菜

一、番茄晚疫病

番茄晚疫病是番茄的主要病害之一，阴雨的年份发病重。该病除为害番茄外，还可为害马铃薯。

（一）症状

番茄晚疫病在番茄的整个生育期均可发生，幼苗、茎、叶和果实均可受害，以叶和青果受害最重。

（1）苗期。茎、叶上病斑黑褐色，常导致植株萎蔫、倒伏，潮湿时病部产生白霉。

（2）成株期。叶尖、叶缘发病较为多见，病斑水浸状不规则形，暗绿色或褐色，叶背病健交界处长出白霉，后整叶腐烂。茎秆的病斑条形，暗褐色。

（3）果实。青果发病居多，病果一般不变软；果实上病斑呈不规则形，边缘清晰，油浸状暗绿色或暗褐色至棕褐色，稍凹陷，空气潮湿时其上长少量白霉，随后果实迅速腐烂。

（二）防治方法

1. 种植抗病品种

抗病品种有圆红、渝红2号、中蔬4号、中蔬5号、佳红、中杂4号等。

2. 栽培管理

与非茄科作物实行3年以上轮作，合理密植，采用高畦种植，控制浇水，及时整枝打杈，摘除老叶，降低田间湿度。保护地应从苗期开始严格控制生态条件，尤其是防止高湿度条件出现。

3. 药剂防治

发现中心病株后应及时拔除并销毁重病株，摘除轻病株的病叶、病枝、病果，对中心病株周围的植株进行喷药保护，重点是中下部的叶片和果实。

药剂有72.2%霜霉威盐酸盐水剂800倍液、58%甲霜灵·锰锌可湿性粉剂500倍液、52.5%噁酮·霜脲氰可分散粒剂、64%噁霜·锰锌可湿性粉剂500倍液、50%百菌清可湿性粉剂400倍液。7~10天用药1次，连续用药4~5次。

二、番茄叶霉病

番茄叶霉病俗称“黑毛”，是棚室番茄常见病害和重要病害之一。在我国大部分番茄种植区均有发生，造成严重减产。以保护地番茄上发生严重。该病仅发生在番茄上。

（一）症状

主要为害叶片，严重时也可为害果实。叶片发病，正面为黄绿色、边缘不清晰的斑点，叶背初为白色霉层，后霉层变为紫褐色；发病严重时霉层布满叶背，叶片卷曲、干枯。果实发病，在果面上形成黑色不规则斑块，硬化凹陷，但不常见。

（二）防治方法

1. 采用抗病品种

如双抗 2 号、沈粉 3 号和佳红等，但要根据病菌生理小种的变化，及时更换品种。

2. 选用无病种或种子处理

52℃温水浸种 30 分钟，晾干播种；2%武夷霉素 150 倍液浸种；或每千克种子 2.5%适乐时悬浮种衣剂 4~6 毫升拌种。

3. 栽培管理

重病区与瓜类、豆类实行 3 年轮作；合理密植，及时整枝打杈，摘除病叶老叶，加强通风透光；施足有机肥，适当增施磷、钾肥，提高植株抗病力；雨季及时排水，保护地可采用双垄覆膜膜下灌水方式，降低空气湿度，抑制病害发生。

4. 药剂防治

保护地还可用 45%百菌清烟剂每亩 250 克熏烟，或用 5%百菌清、6.5%甲霉灵粉尘剂每亩 1 千克，8~10 天 1 次，连续或交替轮换施用。

发病初期可用 10%苯醚甲环唑水分散颗粒剂 1 500~2 000 倍液、25%嘧菌酯 1 500~2 000 倍液、50%异菌脲可湿性粉剂 1 500 倍液、47%春雷·王铜可湿性粉剂 800 倍液、2%武夷霉素 150 倍液、75%百菌清可湿性粉剂 600 倍液、50%多·硫胶悬剂 700~800 倍液喷雾，每隔 7 天喷 1 次，连喷续 3 次。

三、茄科青枯病

是茄科主要病害之一。严重时，发病率达 80%~100%，造成植物成片死亡，减产严重。青枯病寄主范围广，可为害茄子、番茄、辣椒、马铃薯、烟草、花生等 33 科 100 余种植物。

实行轮作：重病田应与禾本科作物轮作 4~5 年，防效好。

加强栽培管理：选择地势较高的地块作苗床，适时播种，培育无病壮苗。深沟高厢种植。调节土壤酸碱度，使其中性偏酸。合理施肥，适当增施磷、钾肥，喷洒浓度为 10 毫克/千克硼酸液作根外追肥，提高植株抗病力。中耕时避免伤根，收获后清除病残体烧毁。

化学防治：拔除病株的病穴内浇灌 2%福尔马林液或 2%石灰水消毒。发病初期可用 72%农用硫酸链霉素可溶性粉剂 3 000 倍液，或 50%代森铵水剂 1 000 倍液等喷施。间隔 7 天 1 次，连用 2~3 次。

四、辣椒病毒病

辣椒病毒病广泛分布于全国各地，尤其在高温干旱条件下易发生，一般发生田可减产 30%左右，严重的高达 60%以上甚至绝产。

农业防治：选用抗病品种，适时播种，培育壮苗，要求秧苗株型矮壮，第一分杈具花蕾时定植；遮阳栽培，及时防蚜虫。

化学防治：播种前，种子用 10%磷酸三钠浸 20~30 分钟后洗净催芽。在分苗、定植前或花期分别喷洒 0.1%~0.2%硫酸锌。发病初期喷洒 20%盐酸吗啉胍·乙酸酮可湿性粉剂 500 倍液，或 1.5%烷醇·硫酸铜乳剂 1 000 倍液，或 10%混合脂肪酸水剂或水乳剂 100 倍液，或 0.5%菇类蛋白多糖水剂 200~300 倍液，隔 10 天喷 1 次，连续防治 3~4 次。

五、番茄瘿螨

加强生活史研究，制定针对性栽培控制措施，减轻为害。药剂防治重点在于为害始期至始盛期的 6 月上旬至 7 月中旬，成虫初发期喷施 10%浏阳霉素酯乳油 1 000~1 500 倍液、1%阿维菌素乳油 2 500 倍液、3.3%阿维·联苯菊酯乳油 1 000 倍液或 5%抗蚜威液剂 2 000 倍液，在发生高峰期连续防治 3~4 次，每次间隔 5~7 天。

第四节　叶菜类蔬菜

一、霜霉病

（一）症状

主要为害叶片。病斑初呈淡绿色小点，边缘不明显，扩大后呈现不规则形，大小不一，直径 3~17 毫米，叶背病斑上产生灰白色霉层，后变灰紫色。病斑从植株下部向上扩展，干旱时病叶枯黄，湿度大时多腐烂，严重的整株叶片变黄枯死，有的菜株呈现萎缩状，多为冬前系统侵染所致。

（二）防治方法

田内发现系统侵染的萎缩株后，要及时拔除；合理密植；发病初期交替喷洒甲霜灵锰锌、噁霜·锰锌、霜霉威盐酸盐等。

二、芹菜叶斑病

（一）症状

主要为害叶片。叶上初呈黄绿色水渍状斑，后发展为圆形或不规则形，大小 4~10 毫米，病斑灰褐色，边缘色稍深不明晰，严重时病斑扩大汇合成斑块，终致叶片枯死。茎或叶柄上病斑椭圆形，3~7 毫米，灰褐色，稍凹陷。发病严重的全株倒伏。高湿时，上述各病部均长出灰白色霉层，即病菌分生孢子梗和分生孢子。

（二）防治方法

选用耐病品种；种子消毒；合理密植；发病初期交替喷洒多菌灵、甲基托布津、可杀得等，保护地内可选用 5%百菌清粉尘剂或百菌清烟剂进行防治。

三、芹菜软腐病

（一）症状

主要发生于叶柄基部或茎上。先出现水渍状、淡褐色纺锤形或不规则形凹陷斑，后呈湿腐状，变黑发臭，仅残留表皮。

（二）防治方法

避免伤根，培土不宜过高，以免把叶柄埋入土中，雨后及时排水；发现病株及时挖除并撒入生石灰消毒；发病初期交替喷洒农用硫酸链霉素、新植霉素、络氨铜水剂、琥胶肥酸铜等。

四、小白菜、菜薹花叶病

（一）症状

在新长出的嫩叶上产生明脉，后出现斑驳，病叶多畸形，植株矮缩，结荚少，种子不实粒多，发芽率低。

（二）防治方法

选育抗病品种；定植时注意剔除病苗、弱苗；合理施肥，促进白菜生长；及时防治传毒蚜虫；药剂防治同白菜类。

五、白粉虱

白粉虱，俗称小白蛾子，属同翅目，粉虱科。我国各地均有发生，是温室、大棚内植物的主要害虫之一。寄主范围广。寄主有黄瓜、菜豆、茄子、番茄、青椒、甘蓝、甜瓜、西瓜、花椰菜、白菜、油菜、萝卜、莴苣、魔芋、芹菜等蔬菜及花卉。

成虫和若虫群集在上部嫩叶背面，吸食植物汁液，被害叶片褪绿、变黄、萎蔫，甚至全株枯死。此外，分泌大量蜜液，严重污染叶片和果实，往往引起煤污病的大发生，使蔬菜失去商品价值。

农业防治培育“无虫苗”育苗时把苗床和生产温室分开，育苗前苗房进行熏蒸消毒，消灭残余虫口；清除杂草、残株，通风口增设尼龙纱或防虫网等，以防外来虫源侵入。

合理种植避免混栽：避免黄瓜、番茄、菜豆等白粉虱喜食的蔬菜混栽，提倡第一茬种植芹菜、甜椒、油菜等白粉虱不喜食、为害较轻的蔬菜。第二茬再种黄瓜、番茄。

加强栽培管理：结合整枝打杈，摘除老叶并烧毁或深埋，可减少虫口数量。

生物防治：保护、利用天敌人工释放丽蚜小蜂、草蛉等天敌可防治白粉虱。成虫在0.5株以下时，隔两周放3次释放丽蚜小蜂成蜂15头/株。

物理防治：利用趋黄习性，在发生初期，用黄板涂机油挂于蔬菜植株行间，诱杀成虫。

化学防治：应在虫口密度较低时早期施用，可选用25%噻嗪酮（扑虱灵）可湿性粉剂1 000~1 500倍液、2.5%溴氰菊酯（敌杀死）乳油2 000倍液。每隔7~10天喷1次，连续防治3次。

第五节　根菜类蔬菜

一、黑腐病

（一）症状

细菌性病害，感染黑腐病后从植株叶缘开始变黄色。病势逐渐发展后，与健全植株比较，根部稍带米黄色，切开与健株比较，根的内部变空，呈黑色。在诊断上应予注意是否有软腐病菌的侵入。

（二）防治方法

黑腐病病菌附着在种子上或在土壤中残存，从虫害等的伤口侵入。进行种子消毒和防治虫害很重要。

（1）种子处理。温汤（55℃）浸种 5 分钟，或药剂处理种子都有效。

（2）药剂防治。可选用 72%农用链霉素可湿性粉剂 5 000 倍液、新植霉素 100 万单位 5 000 倍液、27. 13%碱式硫酸铜悬浮剂、47%春雷·王铜可湿性粉剂 600~800 倍液或 77%硫酸铜钙可湿性粉剂喷雾，每 7 天用药 1 次，连续喷雾 2~3 次。

二、软腐病

（一）症状

细菌性病害，感染软腐病的根菜类蔬菜下部叶片没有生机，变黄色、枯萎，拔起来看，连接叶的根部呈米黄色水浸状软腐。根的内部为淡褐色，病情严重时根变空并散发出恶臭。

（二）防治方法

参照黑腐病。

三、病毒病

（一）症状

感染了病毒病的萝卜，开始时新叶呈浓淡绿色镶嵌的花叶状，有时发生畸形，有的沿叶脉产生耳状凸起。叶片逐渐变黄、皱缩、生长差。如幼时受侵染，植株矮缩，根不膨大。

（二）防治方法

目前还没有有效的化学方法防治植物病毒病，必须采取综合防治措施防治病毒病。如选用抗病或耐病品种，避免种子种苗带毒，栽培防病（通过提前或推迟播种期）使病毒病发生程度减轻，控蚜防病（拉挂银灰色条）苗期防蚜防病等，同时防止接触侵染，接触病株后要用肥皂洗手，以钝化病毒。

目前常用防治病毒病的化学制剂有以下 3 种：8%宁南霉素（菌克毒克）600 倍液喷雾，每 7~10 天喷洒 1 次，连续 2~3 次；

6%寡糖·链蛋白可湿性粉剂每亩用量30克，对适量水喷雾，每7天1次，共喷3~4次；20%盐酸吗啉胍可湿性粉剂，也用于防治多种蔬菜病毒病。定植前后喷洒，用量为每亩200~400克，对适量水喷雾，每7天1次，共3~4次。

四、黑叶斑病

（一）症状

真菌性非菌卵病害，病菌侵害植株的叶、叶柄等地上部。开始时老叶上产生褐色小斑点，病斑互相联合成大的病斑。病叶从叶缘开始枯萎，病情重时根不易膨大。根膨大时缺肥会导致发病多。

（二）防治方法

可选用72%霜霉威盐酸盐水剂600~800倍液、64%烯酰吗啉·锰锌可湿性粉剂1 000倍液、64%噁霜·锰锌可湿性粉剂800倍液、72%霜脲·锰锌可湿性粉剂800倍液、80%代森锰锌可湿性粉剂800倍液叶面喷雾，每7天1次，共3~4次。

五、黑斑病

（一）症状

主要为害叶片，从中下部叶先开始出现黑褐色稍隆起的小圆斑，逐渐扩大可达0.5~0.8厘米。病斑边缘灰白色，中间隐约可见同心轮纹，潮湿时病斑的正反面可见到淡黑色霉层，天气干燥时病部易脆裂；叶柄染病出现不定形或近椭圆形黑斑，也有霉层；采种株的茎、花梗及种荚上也出现相似病斑，严重时可使种株枯死。此病是由称为萝卜链格孢和芸薹链格孢的真菌侵染引起的。病部所见灰黑霉层是病菌的分生孢子梗和分生孢子。分生孢子呈倒棍棒形，有纵横隔膜。该病菌有较强的腐生能力，因此，菌丝和分生孢子可在病残体上越夏越冬。病荚所结种子也部分带菌，这些都是次年发病的初侵染来源。分生孢子通过气流、风雨传播，在适宜温、湿度条件下萌发进行初侵染；发病后又长出大量新的分生孢子，传播后可频频进行再侵染。

（二）防治方法

萝卜黑斑病的流行要求高湿度和较低温度，16~20℃最适。耕作管理粗放、菜田低洼、杂草丛生，土壤贫瘠以及块根膨大期追肥不足等，凡是能削弱植株长势的因素，都会降低抗性而加重发病。应以加强栽培管理的农业控病措施为主，结合适当喷药保护。

（1）彻底清园，销毁病残体、翻晒土壤，高畦种植增施优质有机肥，及时培土；块根膨大期及时施肥，适当增加磷钾肥。

（2）种子处理。用种子重量0.4%的50%福美双可湿性粉剂或40%克菌丹悬浮剂拌种。

（3）药剂防治。发病初期及时选喷50%异菌脲可湿性粉剂1 000倍液，46%氢氧化铜水分散粒剂1 000倍液，70%代森锰锌可湿性粉剂500倍液或50%多菌灵可湿性粉剂500倍液等，隔7~10天喷1次，连续喷2~3次。

六、菌核病

（一）症状

主要为害肉质根，田间和储藏期均可发生。在田间，植株茎基部及根颈处呈褐色湿腐状，地下肉质根则软化，表面被白色至灰白色棉絮状菌丝体所缠绕，并有黑色鼠粪状菌核。随着病情的发展，植株地上部也呈萎蔫状。

（二）防治方法

（1）重病地区或重病田应实行水旱轮作，无法轮作的田块至少应于收获后深翻（20厘米以上）或短期灌水覆盖地膜，以杀死部分菌核。

（2）药剂防治。发病初期喷施50%腐霉利可湿性粉剂1 500~2 000倍液或50%异菌脲可湿性粉剂1 000~1 500倍液，隔7~10天喷1次，连续2~3次。保护地栽培的还可用腐霉利烟雾剂。

七、霜霉病

（一）症状

整个生长期均可发病，发病一般从植株下部开始，叶片上形成由叶脉包围的病斑。病斑的背面薄薄地形成灰白色的霉。病情严重时从下叶开始枯死，但不侵害心叶。

（二）防治方法

可选用72%霜脲·锰锌可湿性粉剂800~1 000倍液、52.5%噁唑·霜脲氰水分散性粒剂2 000~2 500倍液、64%烯酰吗啉·锰锌可湿性粉剂1 000倍液、50%烯酰吗啉可湿性粉剂3 000倍液、58%精甲霜·锰锌可湿性粉剂800倍液或72.2%霜霉威盐酸盐水剂800倍液，每间隔7~10天进行叶面喷雾，连续2~3次。

由于病叶是下一次的侵染源，收获时应将病叶收集深埋。

八、蚜　虫

（一）症状

萝卜蚜，俗称菜蚜。主要为害萝卜、甘蓝等十字花科蔬菜，属同翅目蚜虫科。其在长江流域年发生30代左右，有趋嫩习性，喜欢集结在菜心及花序嫩梢上刺吸汁液，造成幼叶畸形卷曲，生长不良。

（二）防治方法

物理防治可选择防虫网覆盖，黄板诱蚜。根据蚜虫多生于心叶及叶背皱缩处的特点，喷药一定要细致、周到。在用药品种上，可选择具有触杀、内吸、熏蒸 3 种作用的药剂。在田间点片发生阶段要加强防治，可选择 36% 啶虫脒水分散粒剂 8 000~10 000 倍液或 0. 36%苦参碱水剂 1 000~1 200 倍液喷雾。

九、黄曲条跳甲

（一）症状

成虫、幼虫均造成为害。成虫常咬食叶面造成小孔，并形成不规则裂孔，尤以幼苗受害最重，刚出土的幼苗，子叶被害，可整株枯死，造成缺苗毁种。黄曲条跳甲的幼虫在萝卜肉质根膨大期会钻入土里为害肉质根，在萝卜的肉质根上形成弯曲的虫道，造成许多黑色蛀斑，使萝卜外观粗糙、变形，品质下降，严重的变黑腐烂。

（二）防治方法

与非十字花科蔬菜轮作，放置黄板。药剂防治可选用 50% 辛硫磷乳油 1 000 倍液泼浇，36%啶虫脒水分散粒剂 5 000 倍液或 0. 3%印楝素乳油 1 000 倍液等喷雾防治。一般在苗期喷施防治成虫。喷药时间应选择在成虫活动盛期，并应从四周向中央间围喷，以防虫受惊而逃。防治幼虫一般采用灌根法，效果较好。

十、甜菜夜蛾

（一）症状

别名夜盗蛾、菜褐夜蛾等，主要为害甘蓝、白菜、萝卜、胡萝卜等 30 余种蔬菜。鳞翅目夜蛾科，暴食性害虫，寄主广，长江流域年发生 5~6 代。幼虫在卵块附近昼夜取食叶肉，留下叶片的表皮，将叶食害成不规则的透明白斑。2、3 龄幼虫开始逐渐向外爬散或叶丝下坠分散转移为害，叶片为害状成小孔，4 龄后食量骤增，为暴食期，昼伏夜出。

（二）防治方法

（1）农业防治。结合农事操作，看到卵块或刚孵化的幼虫在未分散的叶片上时，将叶片人工摘除；十字花科蔬菜换茬时及时深耕灭蛹，减少虫源。

（2）物理防治。夜蛾有趋光性，在成虫发生期，设置黑光灯或杀虫灯，可诱杀大量夜蛾成虫，从而减少虫源，减少产卵机会。放置甜菜夜蛾性诱剂，每根诱芯可控害面积为2亩。

（3）化学防治。可选用3%甲氨基阿维菌素苯甲酸盐微乳剂（奥翔）3 000~5 000倍液、5%氯虫苯甲酰胺悬浮剂（普尊）1 000~1 500倍液、0.5%依维菌素乳油（镇害）8 000~10 000倍液、150克/升茚虫威悬浮剂（安打）4 000倍液或10%虫螨腈悬浮剂（除尽）1 500~2 000倍液喷雾防治。

十一、猿叶甲

（一）症状

猿叶甲有大猿叶甲和小猿叶甲两个近似种，别名乌壳虫、黑壳虫。属鞘翅目叶甲科，在上海地区每年发生2~3代，主要为害白菜、芹菜、花菜、萝卜等十字花科蔬菜。猿叶甲成虫和幼虫均可为害，取食叶片，使叶片呈缺刻或孔洞，严重时食成网状，仅剩叶脉，造成减产，品质下降。

（二）防治方法

可选用50%辛硫磷800倍液泼浇，36%啶虫脒水分散粒剂5 000倍液喷雾。防治时可兼治黄曲条跳甲，因两虫为害时间接近。

十二、茴香金凤蝶

（一）症状

主要为害萝卜，也可为害芹菜。茴香金凤蝶老熟幼虫的主要特征，是体具绿色和黑色条纹，低龄幼虫则具白色和黑色的斑驳花纹。如果轻轻地触动一下，就伸出橙色的臭丫腺，释放出臭味。幼虫食叶，食量很大，影响作物生长，即使虫量不多，造成的为害也相当严重。幼虫夜间活动取食。成虫卵散产于叶面。

（二）防治方法

零星发生时，可不必单独防治。田间虫量多时，在低龄幼虫期使用广谱性常规农药即可，如选用0.36%苦参碱水剂1 000倍液喷雾。

第六节　葱蒜类蔬菜

一、紫斑病

（一）症状

叶片、花梗、鳞茎均可受害。发病初期病斑小，灰色至淡褐色，中央微紫色，后扩大为椭圆形或纺锤形，凹陷，暗紫色，常形成同心轮纹，湿度大时长出黑霉。叶片或花茎可在病斑处软化折倒。此病主要为害大葱和洋葱，也可侵染大蒜和韭菜等。

（二）防治方法

田间病残体；选用抗病品种和无病种子；实行轮作；加强田间管理，增强植株的抗病性；发病初期交替喷洒百菌清、代森锰锌、异菌脲等。

二、锈　病

（一）症状

叶片、叶鞘和花茎易染病，初期出现椭圆形褪绿斑点，很快由病斑中部表皮下生出圆形稍隆起的黄褐色或红褐色疱斑，疱斑破裂后散出橙黄色粉末。植株生长后期，病叶上形成长椭圆形稍隆起的黑褐色疱斑，严重时病叶黄枯而死。

（二）防治方法

选用抗病品种；加强肥水管理，增强植株抗性；雨后及时排水，降低田间湿度；发病初期交替喷洒三唑酮、萎锈灵、代森锰锌等。

三、大蒜叶枯病

（一）症状

叶片、叶鞘、花薹等均可发病。症状表现有尖枯型、条斑型、紫斑型、白斑型和混合型。尖枯型叶片尖端变枯黄色至深褐色坏死，可延伸至中部，严重时导致全叶黄枯；条斑型叶片上生有纵贯全叶的褐色条斑，沿中肋或偏向一侧发展；紫斑型叶片上生有紫褐色椭圆形或梭形病斑；白斑型叶片上分散出现白色圆形小斑点。有时叶片上混生多种类型的病斑即混合型。潮湿时病斑表面密生黑色霉层。

（二）防治方法

选用抗病品种；合理施肥灌水，避免大水漫灌；发病初期交替喷洒代森锰锌、腐霉利、异菌脲等。

四、葱　蝇

（一）症状

葱蝇以蛆形幼虫蛀食植株地下部分，包括根部、根状茎和鳞茎等，常使须根脱落成秃根，鳞茎被取食后呈凹凸不平状，严重时腐烂发臭，地上部叶片枯黄，植株生长停滞甚至死亡。

（二）防治方法

用糖醋液诱捕成虫；成虫发生期交替喷洒敌百虫、辛硫磷等，幼虫发生时交替喷洒高效氯氰菊酯、辛硫磷等。

五、葱蓟马

（一）症状

多为害叶片、叶鞘和嫩芽。成、若虫均以锉吸式口器先挫破寄主表皮，再用喙吸收植物汁液，被害处形成黄白色斑点，严重时叶片生长扭曲，甚至枯萎死亡。

（二）防治方法

1. 农业防治

收获后及时清理田间杂草和枯枝残叶，集中深埋或烧毁，可减少越冬虫量。实行轮作倒茬。加强肥水管理，使植株生长旺盛。发生数量较多时，可增加灌水次数或灌水量，消灭一部分虫体，提高田块小气候湿度，创造不利于葱蓟马发生的生态环境。

2. 物理防治

利用葱蓟马趋蓝光的习性，在洋葱行间插入或悬挂 30 厘米×40 厘米蓝色粘虫板，粘虫板高出植株顶部，每 30 米挂 1 块。

3. 选用抗虫品种

选用红皮洋葱抗虫品种，如西葱 1 号或西葱 2 号。

4. 药剂防治

葱蓟马易产生抗药性，要多种农药交替使用，以降低其抗药性。可喷洒 21%氰・马乳油 6 000 倍液，10%菊・马乳油。

六、潜叶蝇

1. 农业防治

清洁田园，以消除越冬虫蛹，减少虫源基数。初春可重点控制一代虫源。豌豆、莴苣、大青菜为豌豆潜叶蝇一代的主要寄主，虫口密度最大，防治应以上述 3 种寄主为主要对象。在 3

种作物上同时防治一代，不仅可控制一代为害率，而且能明显减轻以后各代发生程度。该虫夏天喜在阴凉处的豆科等作物和杂草上化蛹越夏，如豇豆、菜豆、苦荬菜等，可人工摘除虫蛹，有针对性地清除杂草，减少越夏虫源。

2. 药剂防治

化学农药：在卵孵化高峰至幼虫潜食始盛期防治潜叶蝇，喷洒2.5%溴氰菊酯乳油30毫升/亩、90%敌百虫晶体200克/亩、1.8%阿维菌素乳油3 000倍液，10~15天喷1次，喷2~3次，均有很好的防效，可控制潜叶蝇的消长，但应不断轮换使用或更新农药以防害虫产生抗性。以早晨露水干后8—11时用药为宜，顺着植株从上往下喷，以防成虫逃跑，尤其要注意将药液喷到叶片正面。

生物农药：虽然生物制剂的药效稍缓于化学杀虫剂，但其持效期长于化学杀虫剂，且害虫不易产生抗药性，特别适用于对化学杀虫剂已产生抗性的害虫。用0.3%~13%印楝素乳油1 000倍液防治油菜潜叶蝇，药后11天的校正防效达95.69%；用1.8%阿维菌素乳油2 000倍液防治油菜潜叶蝇，药后11天的校正防效达88.09%；用0.6%银杏苦内酯水剂1 000倍液防治油菜潜叶蝇，药后11天的校正防效达97.82%。

3. 自然天敌

潜叶蝇喜冷怕热，春季发生早（3月开始发生），在植株下部取食产卵，而田间蚂蚁、寄生蜂（蝇茧蜂等）和瓢虫等开始在植株下部活动捕食，对该虫有较强控制作用。目前，以寄生蜂的研究较为深入，如普金姬小蜂、潜蝇姬小蜂、攀金姬小蜂、新姬小蜂对潜叶蝇有较强的跟随作用和控制效果。

第十章　常见果树病虫害防控技术

第一节　果树病害

一、苹果腐烂病

（一）症状

苹果的枝干均能发病，发病初期，病部树皮呈红褐色、水渍状，稍隆起，病斑呈圆形或不规则形，病组织松软，手压易陷，流黄褐色汁液，有酒糟味，病皮易剥离。后来病部干缩下陷，变成黑褐色，表面有许多突起的小黑点，雨后或空气湿度大时，可涌出橘黄色、卷须状的物质。

（二）防治要点

（1）加强栽培管理，提高树体抗病能力，改善立地条件，增施有机肥，合理搭配磷、钾肥，避免偏施氮肥。

（2）清除病残体，减少菌源。将病树皮、病枯枝等清除干净，集中烧毁，以减少田间病源。

（3）喷药防病。早春发芽前，喷洒20%氟硅唑可湿性粉剂200倍液。对重病树，在夏季7月上中旬可用20%丙环唑乳油500倍液对主干、大枝中下部涂刷；秋季采收后再喷一遍20%氟硅唑可湿性粉剂。

（4）加强检查，及时治疗。

①刮治。将坏死组织彻底刮除，周围刮去0.5~1厘米好皮，

深达木质部，边缘切成立茬。刮后涂抹消毒剂，可用 20%氟硅唑 200 倍液加 10 波美度石硫合剂。

②涂治。用刮刀在病斑外 1 厘米处划一隔离圈，然后在病斑上纵横划道，深达木质部。之后涂药杀菌，可用 20%氟硅唑 200 倍液+水 5 千克配制而成的混合液。

二、苹果轮纹病

（一）症状

枝干受害以皮孔为中心，产生红褐色近圆形或不定形的硬质病斑，中心隆起，病、健交界处环裂后，病斑呈马鞍状。许多病斑相连，造成树皮粗糙。果实受害后，以皮孔为中心生成水渍状褐色同心轮纹斑，中心表皮下可散生黑色粒点。

（二）防治要点

（1）加强栽培管理，提高树体抗病力。

（2）减少菌源在休眠期刮除枝干上的病瘤，清扫病果。并于发芽前全树喷 35%轮纹铲除剂 100~200 倍液等效果较好。

（3）药剂防治在果树落花后 15 天开始至 8 月上旬，每 15~20 天喷 1 次保护剂或内吸性杀菌剂，以保护果实和枝干。幼果期可喷洒 10%苯醚甲环唑水分散粒剂 1 500~3 000 倍液或 40%氟硅唑乳油 6 000~8 000倍液等。果实膨大后，可喷施 1∶2∶240 波尔多液。

（4）果实套袋可防治轮纹病。

（5）储藏果的处理采果后 10 天内用仲丁胺 100~200 倍液浸果 1~3 分钟，储藏期间窖内温度控制为 1~2℃。

三、苹果炭疽病

（一）症状

主要为害果实，也可为害叶片和新梢。果实发病后，病斑呈圆形、褐色、凹陷，腐烂部呈漏斗状、味苦，斑上有同心轮纹排列的小黑点。

（二）防治要点

（1）减少菌源结合冬剪，剪掉病枯枝、病僵果和病果台等，减少初侵染菌源；生长季节及时摘除病果，清除落果，减少再侵染菌源。

（2）加强栽培管理，增施有机肥与磷钾肥，改善树冠通风透光条件，控制结果量，中耕除草，及时排水，果园周围 50 米以内不种植刺槐树。

（3）药剂防治，苹果落花后 1 周开始，每 15 天左右喷药 1 次，至 8 月中旬止。药剂可用 40%福·福锌可湿性粉剂 250~300 倍液、40%咪鲜胺水乳剂 1 000~2 000倍液或 80%甲基硫菌灵水分散粒剂 800~7 000倍液等。

四、苹果早期落叶病

（一）症状

叶片发病后，褐斑病的病斑呈暗褐色，边缘不整齐，呈同心轮纹状或针刺状。圆斑病的病斑呈圆形，褐色，病、健交界明显，中央有一个小黑点。灰斑病的病斑呈圆形，灰褐色至灰白色，斑上散生小黑点。轮斑病的病斑略呈圆形，较大，褐色，有明显的深浅交错的同心轮纹。多发生在叶片边缘，潮湿时病斑背面产生黑色霉层。

（二）防治要点

（1）减少菌源，秋末冬初彻底清扫落叶和其他病残体，并集中烧掉或深埋。

（2）加强栽培管理，避免偏施氮肥，控制结果量，雨季及时排水，合理修剪，保持树冠内膛通风透光良好。

（3）药剂防治，一般幼树可于 5 月上旬、6 月上旬、7 月上旬各喷1次药，多雨年份8月再增加1次。结果期可结合防治轮纹病、炭疽病同时进行。常用药剂有1：2：200波尔多液（有些苹果品种勿用，如金帅等）、80%代森锰锌可湿性粉剂800倍液等，喷药时要均匀周到。

五、梨黑星病

可以为害梨的所有组织。

（一）症状

受害处先生出黄色斑，渐渐扩大后在病斑叶背面生出黑色霉层，从正面看仍为黄色，不长黑霉。果实受害处出现黄色圆斑并稍下陷，后期长出黑色霉层。

（二）防治方法

在病害发病初期，用80%代森锰锌可湿性粉剂600倍液、40%氟硅唑乳油8 000~10 000倍液或80%波尔多液可湿性粉剂500~600倍液喷雾，每隔7~10天喷1次，连续喷4~6次，也可与波尔多液交替使用。

六、梨康氏粉蚧

主要入袋害虫之一。

（一）症状

萼洼、梗洼处受害最重。被害处产生紫红色晕斑，停止生长，形成畸形果，严重时果面龟裂、干枯。

（二）防治方法

（1）农业防治。刮树皮和撬皮以杀死越冬卵。

（2）药剂防治。喷蚧螨灵400倍液效果明显。

七、桃细菌性穿孔病

（一）症状

主要为害叶片，也侵害枝梢和果实。叶片多于5月发病，初发病叶片背面为水浸状小点，扩大后形成圆形或不规则形的病斑，紫褐色至黑褐色。幼果发病时开始出现浅褐色圆形小斑，以后颜色变深，稍凹陷；潮湿时分泌黄色黏质物，干燥时形成不规则裂纹。

（二）防治要点

（1）综合防治。加强桃园综合管理，增强树势，提高抗病能力。园址切忌建在地下水位高的地方或低洼地；土壤黏重和雨水较多时，要筑台田，改土防水；冬夏修剪时，及时剪除病枝，清扫病落叶，集中烧毁或深埋。

（2）药剂防治。芽膨大前期喷施 5 波美度石硫合剂或 1∶1∶100 波尔多液，杀灭越冬病菌；展叶后至发病前喷施 65%代森锌可湿性粉剂 500 倍液 1~2 次，或 72%农用链霉素可湿性粉剂 3 000 倍液。

八、桃白粉病

（一）症状

叶片染病后，叶正面产生褪绿性边缘极不明显的淡黄色小斑，斑上生白色粉状物，病叶呈波浪状。

（二）防治要点

（1）落叶后至发芽前彻底清除果园落叶，集中烧毁。发病初期及时摘除病果深埋。

（2）发病初期及时喷洒 50%硫悬浮剂 500 倍液、50%多菌灵可湿性粉剂 800~1 000 倍液或 20%三唑酮乳油 1 000 倍液，均有较好防效。

九、桃炭疽病

（一）症状

炭疽病主要为害果实，也可为害叶片和新梢。成熟期果实染病，初呈淡褐色水浸状病斑，渐扩展，红褐色，凹陷，呈同心环状皱缩，并融合成不规则大斑，病果多数脱落。

（二）防治要点

（1）加强栽培管理。多施有机肥和鳞、钾肥，适时进行夏季修剪，改善树体结构，通风透光。

（2）药剂防治。萌芽前喷3~5波美度石硫合剂加80%的五氯酚钠200~300倍液。开花前喷施80%福·福锌可湿性粉剂800倍液或80%甲基硫菌灵可湿性粉剂800~1 000倍液。药剂最好交替使用。

十、桃褐腐病

（一）症状

主要为害果实，也为害花、叶和新梢。被害果实、花、叶干枯后挂在树上，长期不落。果实从幼果到成熟期至储运期均可发病，但以生长后期和储运期果实发病较多、较重。果实染病后果面开始出现小的褐色斑点，后扩大为圆形褐色大斑，果肉呈浅褐色并快速腐烂。

（二）防治要点

（1）治虫。及时防治蝽象、象鼻虫、食心虫、桃蛀螟等蛀果害虫，减少伤口。

（2）药剂防治。谢花后10天至采收前20天喷施65%代森锌可湿性粉剂400~500倍液、70%甲基硫菌灵可湿性粉剂800倍液或50%克菌丹可湿性粉剂800~1 000倍液。

十一、桃流胶病

（一）症状

此病多发生于树干处。初期病部略膨胀，逐渐溢出半透明的胶质，雨后加重。其后胶质渐成冻胶状，失水后呈黄褐色，干燥时变为黑褐色。严重时树皮开裂，皮层坏死，生长衰弱，叶色变黄，果小苦味，甚至枝干枯死。

（二）防治要点

（1）剪锯口、病斑刮除后涂抹843康复剂。

（2）落叶后，树干、大枝涂白，防止日灼、冻害，兼杀菌治虫。涂白剂配制方法：优质生石灰12千克，食盐2~2.5千克，大豆汁0.5千克，水36千克。先把优质生石灰化开，再加入大豆汁和食盐，搅拌成糊状。

十二、桃根癌病

（一）症状

桃树根癌病原是根癌农杆菌。癌变主要发生在根颈部，也发生于主根、侧根。发病植株水分、养分流通阻滞，地上部分生长发育受阻，树势日衰，叶薄、细瘦、色黄，严重时干枯死亡。

（二）防治要点

定植后的果树上发现病瘤时，先用快刀彻底切除癌瘤，然后用稀释100倍硫酸铜溶液消毒切口，再外涂波尔多液保护，也可用5波美度石硫合剂涂切口，外加凡士林保护，切下的病瘤应随即烧毁。

十三、葡萄炭疽病

（一）症状

主要侵害葡萄果实，也能侵染新梢、叶片、果梗、穗轴等。果实发病，开始在果面上出现水浸状、淡褐色斑点或雪花状病斑，逐渐扩大呈圆形深褐色病斑，病斑处着生许多黑色小粒点，为病原菌的分生孢子盘，在空气潮湿时，小粒点上溢出粉红色黏胶状分生孢子团，后期病斑凹陷，病粒逐渐失水皱缩，振动时易脱落。

（二）防治要点

（1）消灭越冬菌源。结合冬季修剪，把植株上的穗柄，架面上的副梢、卷须剪除干净，集中烧毁或深埋。芽萌动后展叶前，喷5波美度石硫合剂，或50%退菌特200倍液等铲除剂。

（2）果穗套袋。于5月下旬、6月上旬幼果期（田间分生孢子出现前），对果穗进行套袋。套前可喷40%福·福锌250~300倍液或50%多菌灵可湿性粉剂500~1 000倍液，然后将纸袋套好扎紧。

（3）药剂防治。5月中下旬用50%福美双500~600倍液，10%苯醚甲环唑水分散粒剂800~1 300倍液或75%百菌清500~800倍液或78%波尔·锰锌可湿性粉剂500倍液等，连喷两遍。以后每隔10~15天喷1次，半量式波尔多液与上述杀菌剂间隔使用。

十四、葡萄霜霉病

（一）症状

主要为害叶片，也能侵染新梢、花序和幼果。叶片受害，叶面最初产生半透明、边缘不清晰的多角形斑块。空气潮湿时，病斑背面产生一层白色的霉状物，后期病斑变褐焦枯，病叶易提早脱落。花及幼果感病，呈暗绿色至深褐色，并生出白色霜状霉层，后干枯脱落。果实长到豌豆粒大时感病，最初呈现红褐色斑，然后僵化开裂。

（二）防治要点

药剂保护。波尔多液是防治此病的良好保护剂，发病前喷半量式200倍波尔多液，以后喷等量式160~200倍波尔多液，每15~20天1次，连喷3~5次。还可喷72%霜脲·锰锌可湿性粉剂600倍液，77%硫酸铜钙可湿性粉剂500~700倍液，都是防治霜霉病的特效药。

十五、葡萄黑痘病

（一）症状

主要侵染植株的新梢、嫩叶、叶柄、卷须、幼果、果梗等幼嫩部分。嫩叶感病，叶面呈现红褐色针头大小的斑点，扩大后呈圆形或不规则形，中部为浅褐色或灰褐色，边缘为深褐色病斑，后期病斑干枯破碎，常形成穿孔。幼果感病，初为深褐色斑点，逐渐扩大后变成中部灰白色、边缘紫褐色、稍凹陷的病斑，形似鸟眼状。

（二）防治要点

（1）春天芽萌动时，可喷一遍 5 波美度石硫合剂，或硫酸亚铁硫酸液（10%硫酸亚铁+1%粗硫酸），也可喷 10%～15%硫酸铵溶液，以铲除枝蔓上的越冬菌源。

（2）在葡萄开花前后，可喷 250 克/升嘧菌酯悬浮剂 800～1 200倍液，也可用 80%代森锰锌可湿性粉剂 600～800 倍液，50%多菌灵可湿性粉剂 800～1 000 倍液，75%百菌清可湿性粉剂 500～600 倍液，可兼治白腐病、炭疽病。

十六、葡萄二黄斑叶蝉

（一）症状

全年以成虫、若虫聚集在葡萄叶的背面吸食汁液，受害叶片正面呈现密集的白色小斑点，严重时叶片苍白，致使早期落叶，影响枝条成熟和花芽分化。

（二）防治要点

掌握第一代若虫盛发期是药剂防治的关键时期，一般喷 45%马拉硫磷乳油 1 350～1 800 倍液或 40%辛硫磷乳油 1 000～2 000 倍液，均有良好的防治效果。

十七、葡萄十星叶甲

（一）症状

以成虫及幼虫啮食葡萄叶片或芽，造成叶片穿孔，导致生长发育受阻。成虫每个翅鞘上各有 5 个圆形黑色斑点。

（二）防治要点

（1）农业防治。冬季清园和翻耕土壤，杀灭越冬卵；利用成虫、幼虫的假死性，清晨振动葡萄架，使成虫和幼虫落下，集中消灭。

（2）药剂防治。4—5 月在卵孵化前施药，用 50%辛硫磷乳油处理树下土壤，每公顷用 7.5 千克，制成毒土，撒施后浅锄；低龄幼虫期和成虫产卵树冠喷 10%高效氯氰菊酯乳油 3 000~4 000 倍液防治。

十八、樱桃褐腐病

主要为害花和果实，引起花腐和果腐，发病初期，花器渐变褐色，直至干枯；后期病部形成一层灰褐色粉状物，从落花后 10 天幼果开始发病，果面上形成浅褐色小斑点，逐渐推广为黑褐色病斑，幼果不软腐，成熟果发病，初期在果面产生浅褐色小斑点，迅速推广，引起全果软腐。

防治措施：清洁果园，将落叶、落果清扫烧毁；合理修剪，使树冠具有良好的通风透光条件；发芽前喷 1 次 3~5 度石硫合剂；生长季每隔 10~15 天喷 1 次药，共喷 4~6 次，药剂可用 1∶2∶240 倍波尔多液或 46%氢氧化铜水分散粒剂 1 500~2 000 倍液，50%克菌丹可湿性粉剂 500 倍液。

十九、樱桃流胶病

主要为害樱桃主干和主枝，一般从春季树液流动时开始发生，初期枝干的枝杈处或伤口肿胀，流出黄白色半透明的黏质物，皮层及木质部变褐腐朽，导致树势衰弱，严重时枝干枯死。发病原因：一是有枝干病害、虫害、冻害、机械伤造成的伤口引起流胶；二是由于修剪过度、施肥不当、水分过多、土壤理化性状不良等，导致树体生理代谢失调而引起流胶。

防治措施：增施有机肥，健壮树势，防止旱、涝、冻害；搞好病虫害防治，避免造成过多伤口；冬剪最好在树液流动前进行，夏季尽量减少较大的剪锯口；发现流胶病，要及时刮除，然后涂药保护。常用药剂有40%福·福锌可湿性粉剂1份、50%悬浮硫5份加水调成混合液，以及用生石灰10份、石硫合剂1份、食盐2份、植物油0.3份加水调成混合液。

二十、樱桃叶斑病

该病主要为害叶片，也为害叶柄和果实。叶片发病初期，在叶片正面叶脉间产生紫色或褐色的坏死斑点，同时在斑点的背面形成粉红色霉状物，后期随着斑点的扩大，数斑联合使叶片大部分枯死。有时叶片也形成穿孔现象，造成叶片早期脱落，叶片一般5月开始发病，7—8月高温、多雨季节发病严重。

防治措施：加强栽培，增强树势，提高树体抗病能力；清除病枝、病叶，集中烧毁或深埋；发芽前喷3~5度石硫合剂；谢花后至采果前，喷1~2次70%代森锰锌可湿性粉剂600倍液或75%百菌清可湿性粉剂500~600倍液，70%甲基硫菌灵可湿性粉剂800~1 000倍液等，每隔10~14天喷1次。

二十一、核桃黑斑病

合理施肥：肥料以有机肥为主，保障核桃的生产需求；出现核桃黑斑病的相关症状的时候，要及时阻断病源的传播；密切关注核桃的后期生长情况，病情加重时要及时处理；选择适合的药剂，如波尔多液等预防核桃黑斑病，清除病菌，提高核桃的产量。

二十二、核桃炭疽病

在核桃种植早期喷洒预防药剂预防核桃炭疽病，药液的浓度根据核桃的病变情况决定。

二十三、猕猴桃褐斑病

褐斑病最开始为害叶片，后随着病害蔓延为害枝干和果实，发病时叶片边缘出现水渍状的病斑，在慢慢扩散，形成大片不规则的病斑，如果不加以制止，整个植株会全部感染，导致植株萎靡，叶片枯萎脱落。

防治方法：发病初期将病叶或病枝及时剪除，再烧毁，然后再用75%百菌清可湿性粉剂500~600倍液药剂进行防治，如果发病较为严重，可用430克/升戊唑醇悬浮剂4 000~6 000倍液治疗。

二十四、猕猴桃灰霉病

灰霉病主要发生在花期、果期，病害感染后使花朵变色并腐烂脱落，感染果实后，果实表面的柔毛变褐色，严重可导致落果。发病时病菌依附在雄蕊、花瓣上，并以此为点，逐渐扩散，形成病斑。

防治方法：发病初期可用50%异菌脲可湿性粉剂1 500倍液防治，将发病的花朵和果实摘除，以免为害其他花朵果实，发病严重时，可用60%吡唑·代森锌1 000~2 000倍液治疗。

二十五、枣锈病

仅为害叶片，发病初期在叶片背面散生淡绿色小点，后逐渐突起成黄褐色锈斑，多发生在叶脉两侧及叶尖和叶基。后期破裂散出黄褐色粉状物。叶片正面，在与夏孢子堆相对处呈现许多黄绿色小斑点，叶面呈花叶状，逐渐失去光泽，最后干枯早落。

合理密植，修剪过密枝条，以利通风透光，增强树势，雨季及时排水，防止果园过湿，行间不种高秆作物和西瓜、蔬菜等经常灌水的作物。落叶后至发芽前，彻底清扫枣园内落叶，集中烧毁或深翻掩埋土中，消灭初侵染来源。

6月中旬，夏孢子萌发前，喷施下列药剂进行预防：80%代森锰锌可湿性粉剂600~800倍液或65%代森锌可湿性粉剂500~600倍液等。

在7月中旬枣锈病的盛发期喷药防治，可用下列药剂：30%噁酮·氟硅唑乳油2 000~3 000倍液或25%三唑铜可湿性粉剂1 000~1 500倍液或10%苯醚甲环唑水分散粒剂1 000~1 500倍液或12.5%烯唑醇可湿性粉剂1 000~2 000倍液或50%多菌灵可湿性粉剂800~1 000倍液或50%甲基硫菌灵可湿性粉剂1 000~1 500倍液或20%萎锈灵乳油600~800倍液或12.5%腈菌唑乳油2 000~3 000倍液，间隔15天再喷施1次。

二十六、枣疯病

枣疯病的发生，一般是先从一个或几个枝条开始，然后再传播到其他枝条，最后扩展至全株，但也有整株同时发病的。症状特点是枝叶丛生，花器变为营养器官，花柄延长成枝条，花瓣、萼片和雄蕊肥大、变绿、延长成枝叶，雌蕊全部转化成小枝。病枝纤细，节间变短，叶小而萎黄，一般不结果。病树健枝能结果，但其所结果实大小不一，果面凹凸不平，着色不匀，果肉多渣，汁少味淡，不堪食用。后期病根皮层变褐腐烂，最后整株枯死。

于早春树液流动前和秋季树液回流至根部前，注射1 000万单位土霉素100毫升/株或0.1%四环素500毫升/株。

以4月下旬、5月中旬和6月下旬为最佳喷药防治传染毒害虫时期，全年共喷药3~4次。可喷施下列药剂：25%喹硫磷乳油1 000~1 500倍液或50%辛硫磷乳油1 000~2 000倍液或50%杀螟硫磷乳油1 000~1 500倍液或20%异丙威乳油500~800倍液或10%高效氯氰菊酯乳油2 000~3 000倍液或20%氰戊菊酯乳油1 000~2 000倍液或2.5%溴氰菊酯乳油2 000~2 500倍液或10%联苯菊酯乳油2 000~2 500倍液等。

二十七、李疮痂病

主要为害果实，亦为害枝梢和叶片。果实发病初期，果面出现暗绿色圆形斑点，逐渐扩大，至果实近成熟期，病斑呈暗紫或黑色，略凹陷。发病严重时，病斑密集，聚合连片，随着果实的膨大，果实龟裂。新梢和枝条被害后，呈现长圆形、浅褐色病斑，继后变为暗褐色，并进一步扩大，病部隆起，常发生流胶。病健组织界限明显。叶片受害，在叶背出现不规则形或多角形灰绿色病斑，后转色暗或紫红色，最后病部干枯脱落而形成穿孔，发病严重时可引起落叶。

早春发芽前将流胶部位病组织刮除，然后涂抹45%晶体石硫合剂30倍液，或喷3~5波美度石硫合剂加80%的五氯酚钠原粉200~300倍液，或用1∶1∶100等量式波尔多液，铲除病原菌。

生长期于4月中旬至7月上旬，每隔20天用刀纵、横划病部，深达木质部，然后用毛笔蘸药液涂于病部。可用下列药剂：70%甲基硫菌灵可湿性粉剂600~800倍液+50%福美双可湿性粉剂300倍液或80%乙蒜素乳油50倍液或1.5%多抗霉素水剂100倍液处理。

二十八、柑橘黄龙病

柑橘黄龙病全年均能发病，春、夏、秋梢都可出现症状。幼年树和初期结果树多为春梢发病，新梢叶片转绿后开始褪绿，使全株新叶均匀黄化；夏、秋梢发病则是新梢叶片在转绿过程中出现无光泽淡黄，逐渐均匀黄化。投产的成年树则表现为树冠上有少数枝条新梢叶片黄化，次年黄化枝扩大至全株，使树势衰退。

（1）严格实行检疫制度，严禁从病区调运苗木和接穗。

（2）建立无病苗圃，培育种植无病毒苗木。

（3）严格防治传病昆虫——柑橘木虱。

（4）及时挖除病株并集中烧毁。

二十九、柑橘溃疡病

湖南一般在4月下旬至5月上旬开始发病，直至9月中旬才逐渐减轻。高温高湿（相对湿度80%~90%）是适宜发病的气候条件。全年一般以夏梢受害最重，春梢次之，秋梢较轻。春梢发病高峰期在5月上旬，夏梢发病高峰期在6月下旬，秋梢发病高峰期在9月下旬，其中以6—7月夏梢和晚夏梢受害最重。气温在条件下，雨量越多，病害越重。

4—7月喷药5~8次。防效较好的药剂有：46%氢氧化铜水分散粒剂1 500~2 000倍液，72%农用链霉素可溶性粉剂1 000倍液+1%酒精溶液浸30~60分钟，倍量式波尔多液+1%茶籽麸浸出液等。

第二节　果树虫害

一、绣线菊蚜

一年发生10余代，主要以卵在樱桃枝条芽旁或树皮裂缝处越冬，翌年4月上中旬萌芽时卵开始孵化，初孵幼蚜群集在叶背面取食，10天左右即产生无翅胎生雌蚜，6—7月温度升高，繁殖加快，虫口密度迅速增长，为害严重。8—9月蚜群数量开始减少，10月开始产生有性蚜虫，雌雄交尾产卵，以卵越冬。

防治措施：展叶前，越冬卵孵化基本结束时，喷45%高效氯氰菊酯微乳剂1 000~1 500倍液或50%抗蚜威可湿性粉剂

2 000倍液。5 月上旬蚜虫初发期进行药剂涂干，如树皮粗糙，先将粗皮刮去，刮至稍露白即可；常用内吸药剂有 40%乐果乳油 2~3 倍液，在主干中部用毛刷涂成 6 厘米的环带。如蚜虫较多，10 天后可在原部位再涂药 1 次。有条件的可人工饲养捕食性瓢虫、草蛉等天敌。

二、舟形毛虫

一年发生 1 代，以蛹在树根部土层内越冬，翌年 7 月上旬至 8 月中旬羽化成虫，昼伏夜出，趋光性较强，卵多产在叶背面。3 龄前的幼虫群集在叶背为害，早晚及夜间为害，静止的幼虫沿叶缘整齐排列，头、尾上翘，若遇振动，则成群吐丝下垂，9 月幼虫老熟后入土化蛹越冬。

防治措施：结合秋翻地或春刨树盘，使越冬蛹暴露地面失水而死；利用 3 龄前群集取食和受惊下垂习性，进行人工摘除有虫群集的枝叶；为害期可喷 50%杀螟松乳油 1 000 倍液或 20%氰戊菊酯乳油 1 000~2 000 倍液。

三、桑白蚧

为害状多以若虫和雌成虫群集枝条上吸食，2~3 年生枝受害最重，被害处稍凹陷。

防治方法：人工防治冬季休眠期，人工刮刷树皮，消灭越冬雌成虫。休眠期药剂防治萌芽期，喷布 1 次 5%蒽油乳剂，或 5 波美度石硫合剂。生长期药剂防治各代若虫孵化盛期喷布 1 次 22. 4%螺虫乙酯悬浮剂 3 700~4 700 倍液或 50%马拉硫磷乳油 1 000 倍液或 2. 5%高效氯氰菊酯乳油 3 000 倍液。生物防治小黑瓢虫是重要天敌，应保护利用。

四、介壳虫

症状：主要为害树体枝干，吸食树体枝叶，造成树势衰弱，枝条干枯死亡。

防治办法：加强土、肥、水管理，合理修剪，增强树势；早春发芽前，喷5度石硫合剂，杀死越冬小幼虫，若虫孵化盛期（5月下旬、6月上旬）喷施22.4%螺虫乙酯悬浮剂3 700~4 700倍液或50%噻嗪酮悬浮剂2 000~4 000倍液或喷2.5%溴氰菊酯乳油3 000倍液或10%高效氯氰菊酯乳油800~1 000倍液或0.3~0.5波美度石硫合剂。

要想提高杏子的种植效益，必须要加强病虫害管理，合理修剪，及时清除枯枝落叶，保持果园清洁，并配合相应的药物，防治与解决相关病虫害，从而提高果品质量。

五、黄粉蚜

为害梨果实、枝干和果台枝。

（一）症状

以成虫、若虫为害，梨果实受害处产生黄斑稍下陷，黄斑周缘产生褐色晕圈，最后变成褐色斑，造成果实腐烂。

（二）防治方法

（1）农业防治。刮树皮和撬皮以杀死越冬卵。

（2）药剂防治。在7—8月喷10%吡虫啉可湿性粉剂2 000倍液；对于采用套袋栽培的梨园应在5月底套袋前喷10%吡虫啉可湿性粉剂2 000倍液。

六、李子食心虫

此病害的关键时期是各代成虫盛期和产卵盛期及第1代老熟幼虫入土期。喷施45%马拉硫磷乳油1 000倍液或50%敌敌畏乳油1 000~1 250倍液。李树生理落果前、冠下土壤普施1次40%辛硫磷1 000~2 000倍液。在落花末期（95%落花）小果呈麦粒大小时，喷第1次药，使用溴氰菊酯、氰戊菊酯皆可，每隔7~10天喷1次。从综合防治的角度考虑，亦可采用生物制剂对树冠下土壤进行处理，如白僵菌等。秋后应把落果扫尽，减少翌年虫源。

七、红蜘蛛

根据红蜘蛛的生活习性，在田间管理方面，要合理间作，及时深翻树盘或树盘埋土，合理修剪，适当施肥灌水。亦可用土办法防治，如大蒜汁喷施或洗衣粉与石硫合剂混用等方法。同时要保护好天敌，以发挥天敌对虫害的自然控制作用。

八、桃小食心虫

（一）症状

桃小食心虫为害苹果，多从果实胴部或顶部蛀入，经2天左右，从蛀果孔流出透明的水珠状果胶，俗称“淌眼泪”，不久干涸成白色蜡状物。幼虫蛀入后在皮下及果内纵横潜食，果面上凹凸不平呈畸形，俗称“猴头果”。近成熟果实受害，果形不变，但虫道中充满虫粪，俗称“豆沙馅”。

（二）防治要点

（1）地面防治，在越冬幼虫出土期时，开始在树盘上喷药，隔10~15天再喷1次。常用10%溴氰菊酯悬浮剂6 000~7 000倍液等防治。

（2）树上防治，消灭卵和初孵化幼虫，应在孵化盛期进行喷布。常用25克/升联苯菊酯乳油800~1 200倍液或25克/升高效氯氟氰菊酯乳油4 000~5 000倍液。

（3）性诱剂诱杀成虫。

（4）人工防治，采用筛茧、埋茧、晒茧、刷茧和摘虫果等措施减少各变态阶段的虫源数量。

第十一章　茶树病虫草害防控技术

第一节　病虫草害

一、病　害

（一）茶饼病

又称叶肿病、疱状叶枯病，是茶树上一种主要的芽叶病害，在我国南方产茶省局部发生，以云、贵、川三省的山区茶园发病为重。茶饼病发生的茶园可直接影响茶叶产量，同时病叶制茶易碎、干茶苦涩影响茶叶品质。

选种无病健康苗木。加强茶园管理，改善茶园通风透光性。及时除草、及时分批采茶，适时修剪；避免偏施氮肥，合理施肥，增强树势。药剂防治可选用75%十三吗啉乳油2 000倍液、3%多抗霉素可湿性粉剂1 000倍液等杀菌剂进行防治，非采茶期和非采摘茶园可选用0.6%～0.7%石灰半量式波尔多液。

（二）茶网饼病

又称网烧病、白霉病，是一种茶树上偶有发生的叶部病害，在我国华南和西南茶区局部发生，发生程度较茶饼病轻。茶网饼病发生的茶园病叶常枯萎脱落，严重时对翌年春茶产量有显著影响。

防治措施与茶饼病的防治措施相同。

（三）茶炭疽病

是一种较常见的茶树叶部病害，我国各产茶区均有分布。在浙江、四川、湖南、云南和安徽等产茶省，湿度大的年份和季节中发生严重，常在茶园中出现大量枯焦病叶，影响茶树生长势和茶叶产量。

选用抗病品种。加强田间管理，及时清理枯枝落叶，减少翌年病原菌的来源；合理施肥，增强树势。适时用药防治。防治时期应掌握在发病盛期前，可选用250克/升吡唑醚菊酯乳油1 000~2 000倍液、10%苯醚甲环唑水分散粒剂1 500~2 000倍液等进行防治。

（四）茶白星病

又名点星病，是茶树上一种主要的芽叶病害，在我国各茶区均有发生，多分布在高山茶园。主要为害春茶和夏茶的嫩叶、新梢，影响新梢的生长，病叶加工的成茶味苦、色浑、易碎。

及时分批采茶可减少侵染源，减轻发病。增施有机肥和钾肥可使树势强壮，提高抗病性。必要时再选用药剂进行防治，可选用70%甲基硫菌灵可湿性粉剂800~1 000倍液或50%多菌灵可湿性粉剂1 000倍液进行喷雾。非采茶期可采用0.6%~0.7%石灰半量式波尔多液进行防治。

（五）茶圆赤星病

是茶树芽叶病害之一，主要发生在高山地区的茶园，全国各茶区均有发生，浙江、安徽、湖南、四川和云南等产茶省发生较普遍，全年主要在春茶期发生严重。

在早春结合修剪，清除有病枝叶，减少初次侵染来源。加强管理，合理施增强树势。必要时施用药剂进行防治。一般宜在早春及发病初期用药，可喷施70%甲基硫菌灵可湿性粉剂1 000倍液、80%代森锌可湿性粉剂1 000~1 500倍液等药剂进行防治。

（六）茶轮斑病

又称茶梢枯死病，该病在茶园中常见，全国各产茶省均有发生。被害叶片大量脱落，严重时引起枯梢，致使树势衰弱，产量下降。

因地制宜地选用抗性品种或耐病品种。加强茶园管理，勤除杂草，及时排除积水，合理施肥，促使茶树生长健壮，提高抗病能力。药剂防治应掌握在发病初期，可喷施 70% 甲基硫菌灵可湿性粉剂 800~1 000 倍液和 80%代森锌可湿性粉剂 1 000 倍液等药剂进行防治。

二、虫　害

（一）茶尺蠖

茶尺蠖又称拱拱虫、量寸虫、吊丝虫等，以幼虫取食茶树叶片为害。1 龄幼虫取食嫩叶叶肉，留下表皮，被害叶呈现褐色点状凹斑；2 龄幼虫能穿孔，或自叶缘咬食，形成缺，刻（花边叶）；3 龄起则能全叶取食，以末龄食量最大。发生严重时，老叶、嫩茎被幼虫取食殆尽，致使茶丛变为光秆，不仅严重影响当季茶叶产量，并致树势衰退，对茶叶生产的威胁也很大。

保护天敌：茶尺蠖天敌有姬蜂、茧蜂、寄蝇、蜘蛛及鸟类等，其中以茧蜂、蜘蛛尤为重要。茧蜂中以茶尺蠖绒茧蜂和单白绵茧蜂最为优势，蜘蛛种群有八点球腹蛛、草间小黑蛛、斜纹猫蛛、迷宫漏斗蛛等。茶园应尽量减少用药次数，降低农药用量，以保护寄生性和捕食性天敌，充分发挥自然天敌的控制作用。

清园灭蛹：结合茶园秋冬季管理，清除树冠下落叶及表土中的虫蛹。在茶树根颈四周培土 10 厘米左右，并加以镇压，可防止越冬蛹羽化的成虫出土。

性诱剂诱杀：在成虫发生期，茶园内投放茶尺蠖性诱剂，诱杀其雄虫。

灯光诱杀：利用成虫有趋光性，在发蛾盛期用杀虫灯进行诱杀成虫，以减少下一代幼虫发生量。

喷施病毒：茶尺蠖核型多角体病毒对茶尺蠖幼虫有较强的感病率，全年以第 1、5、6 代致病率为高，每亩用量 150 亿~700 亿个多角体，喷施时间掌握在 1、2 龄幼虫期。

农药防治：茶尺蠖的防治指标为成龄投产茶园每亩幼虫量 4 500 头，施药适期掌握在 2~3 龄幼虫期。在需要化学防治的茶园中，采取挑治发虫中心、蓬面喷射、以低容量喷雾等措施，可以节约农药、用工、降低防治成本。药剂可选用 2.5%高效氯氟氰菊酯（20~25 毫升/亩）、2.5%溴氰菊酯（20~25 毫升/亩）、0.6%苦参碱水剂（75~100 毫升/亩）、250 克/升联苯菊酯乳油（20~40 毫升/亩）或茚虫威 150 克/升乳油（12~18 毫升/亩）等。

（二）茶用克尺蛾

茶用克尺蛾以幼虫取食叶片为害。1 龄幼虫大多自嫩叶叶缘取食，使叶片呈现圆形枯斑；2 龄幼虫将叶片食成孔洞；3 龄前有明显的发虫中心，3 龄起蚕食全叶并逐渐分散为害。

保护天敌：应尽量减少茶园用药次数，降低化学农药用量，保护主要捕食性天敌蜘蛛和鸟类等，充分发挥自然天敌的控制作用。

灯光诱杀：利用成虫有趋光性，在发蛾盛期用杀虫灯进行诱杀成虫，以减少下一代幼虫发生量。

农药防治：防治适期掌握在 3 龄前幼虫期。施药方式以低容量喷雾为宜。在浙江茶区，茶用克尺蛾第 1、2、3 代幼虫发生期与茶尺蠖第 2、4、5 代幼虫发生期吻合，农药种类及用量参照茶尺蠖。

（三）茶银尺蠖

茶银尺蠖又称青尺蠖，小白尺蠖，以幼虫取食茶树叶片为害。

幼虫多栖于嫩叶背面咀食叶肉，留下上表皮，形成透明斑，有时也能咬成小孔，3 龄后蚕食叶缘缺刻，4 龄后特别至 5 龄时食量大增，为害明显。

防治方法：一般该虫发生较为分散，可结合茶尺蠖防治时兼治，防治方法可参照茶尺蠖。

（四）茶黑毒蛾

茶黑毒蛾又称茶茸毒蛾，以幼虫取食茶树成叶及嫩叶。3 龄前幼虫群集性强，大多集中在茶树中下部老叶背面，常十至数十头集中在一起，3 龄开始逐渐分散。发生严重时可将茶树叶片吃光，对茶叶产量和树势影响较大。茶黑毒蛾幼虫长有毒毛，触及人体皮肤后，产生奇痒，严重妨碍茶叶采摘及田间管理工作。

保护天敌：茶黑毒蛾的天敌种类多，在卵期有赤眼蜂、黑卵蜂、啮小蜂，寄生率以越冬卵最高，可达 40%以上；幼虫期有绒茧蜂、瘦姬蜂等。此外，还有捕食性天敌等。注意减少田间用药次数，促进田间天敌繁殖，发挥自然天敌的控制作用。

加强管理：清除杂草，制作堆肥或深埋入土。特别是冬季，清除茶树根际的枯枝落叶及杂草，深埋入土，可消灭大量的越冬卵。高大的茶树，可结合茶树改造，进行重修剪或台刈，控制茶树高度在 80 厘米以下，减少茶黑毒蛾的产卵场所。

人工捕杀：利用幼虫的假死性振落捕杀。

点灯诱杀：利用成虫趋光性，在发蛾期点灯诱杀，以减少次代发生数量。

农药防治：当茶黑毒蛾第 1 代虫量超过 4 头/米、第 2 代虫量超过 7 头/米时，均应全面喷药防治。防治适期掌握在 3 龄前幼虫期。喷雾方式以低容量侧位喷洒为佳。农药可选用 25 克/升联苯菊酯乳油（20~25 毫升/亩）、10%氯氰菊酯乳油（20~25 毫升/亩）等。

（五）茶毛虫

茶毛虫又称茶毒蛾、毒毛虫、痒辣子、摆头虫，以幼虫取食茶树成、老叶及部分嫩叶为害。1、2 龄幼虫常百余头群集在茶树中下部叶背，取食下表皮及叶肉；3 龄幼虫常从叶缘开始取食，造成缺刻；4 龄起进入暴食期，可将茶丛叶片食尽，严重影响茶叶产量和品质。此外，幼虫虫体上的毒毛及蜕皮壳，人体皮肤触及后，引起皮肤红肿、奇痒，影响正常采茶及田间管理工作。

保护天敌：茶毛虫天敌种类十分丰富，在卵期有茶毛虫黑卵蜂、赤眼蜂。幼虫期有茶毛虫绒茧蜂、茶毛虫瘦姬蜂、毒蛾瘦姬蜂等。此外，还有瓢虫、食虫椿象、步甲、蜘蛛等捕食性天敌。注意减少田间用药次数，促进田间天敌繁殖，发挥自然天敌的控制作用。

加强管理：在茶毛虫发生严重的茶园，可在 11 月至翌年 3 月人工摘除越冬卵块，同时，可利用该幼虫常百余头群集的特性，结合田间操作随时摘除虫群。

性诱剂诱杀：在成虫发生期，茶园内投放茶毛虫性诱剂，诱杀其雄虫。

灯光诱杀：由于茶毛虫成虫有趋光性，在发蛾期点灯诱蛾，可减轻田间为害。

生物防治：在幼虫 1~2 龄期喷茶毛虫核型多角体病毒液或苏云金杆菌，在阴天或雨后喷雾效果佳。

农药防治：防治适期掌握在 3 龄前幼虫期，防治指标为百丛卵块 5 个以上，喷雾方式以侧位低容量喷洒为佳。农药可选用25克/升联苯菊酯乳油（30~40毫升/亩）、2.5%高效氯氰菊酯乳油（20~25毫升/亩）、2.5%溴氰菊酯乳油（20~25毫升/亩）、150克/升茚虫威乳油（12~18毫升/亩）等。

（六）茶蓑蛾

茶蓑蛾以幼虫负囊取食为害。1、2龄幼虫咬食叶肉，留下一层表皮，被害叶形成半透明枯斑；3龄后则食成孔洞或缺刻，甚至仅留主脉。取食时间多在黄昏至清晨，阴天则全天均能取食。

人工摘除：茶蓑蛾有明显的发生为害中心，幼虫外带护囊，可采取用人工摘除护囊，以减少田间的虫口数量，防止扩散蔓延。

生物防治：在幼虫低龄期，喷施1 600IU/毫克苏云金杆菌（Bt）800~1 600倍液，有一定的防治效果。

农药防治：防治适期掌握在1、2龄幼虫期。施药方式以喷洒发生为害中心为宜，一般应将护囊喷湿而药液不下滴。农药可选用2.5%溴氰菊酯乳油2 000~3 000倍液或25克/升联苯菊酯乳油20~35毫升/亩等。

（七）茶小卷叶蛾

茶小卷叶蛾又称小黄卷叶蛾、棉褐带卷叶蛾。幼虫孵出后潜人芽尖缝隙内或初展嫩叶端部、边缘吐丝卷结匿居，咀食叶肉，被害叶呈不规则形枯斑。虫口以芽下第一叶上居多。3龄后将邻近2叶至数叶结成虫苞，在苞内咀食，被害叶出现明显的透明枯斑。

及时采摘：由于茶小卷叶蛾幼虫大多栖息在蓬面嫩芽叶上，及时分批采摘有良好的防治效果。

诱杀成虫：发蛾期田间点灯，诱杀成虫；利用成虫喜嗜糖醋味进行诱杀。

生物防治：用白僵菌、颗粒体病毒可有效地防治茶小卷叶蛾。白僵菌每亩用含孢子量每克 100 亿的菌粉 0.5 千克，加水稀释后喷雾，防治适期掌握在 1、2 龄幼虫期，但蚕区禁止使用。颗粒体病毒可用制剂每亩用药 200 毫克或感染病毒后的虫尸 200 头研细后加水喷雾，防治适期掌握在卵盛孵末期。

农药防治：防治适期掌握在 1、2 龄幼虫期。施药方式，可采用低容量蓬面扫喷，发生不严重、虫口密度较低的，提倡挑治，即只喷发虫中心。农药可选用 2.5%溴氰菊酯乳油（20~25 毫升/亩）、2.5%高效氯氰菊酯乳油（20~25 毫升/亩）等。

三、草害

茶园杂草种类共有 150~200 种，分属 50 多个科。其中，马唐、牛筋草、狗牙根、刺儿菜、蓼科杂草、看麦娘、鳢肠、铁苋菜、马齿苋、鸭跖草、繁缕、一年蓬、龙葵、水花生和白茅等为优势种，尤其以马唐发生量大、分布范围广。不同地区由于茶园生产环境的差异，杂草群落有所不同，山区或近山区的茶园除上述杂草外，还有杠板归、黄毛耳草、鸡矢藤、毛茛、狼尾草、络石以及海金沙和蕨等蕨类植物。

茶园杂草发生主要有两个高峰：第一个出草高峰出现在 4 月下旬至 5 月上旬，其中阔叶杂草早于禾本科杂草；第二个出草高峰在 7 月上旬至 8 月上旬，禾本科杂草出草高峰早于或同于阔叶杂草，这一高峰为全年主要出草高峰。

杂草发生高峰的早晚、峰值的大小、峰面宽窄与温度、降雨、地势等环境条件有关。春季发生型杂草受温度影响为主，夏季发生型杂草受湿度影响为主。

新茶园一般以多年生杂草为主，在有保护性措施的前提下，可施用灭生性除草剂如草甘膦等杀灭杂草。

第一种 25%敌草隆可湿性粉剂 250 克。

第二种 330 克/升＝甲戊灵乳油 150~200 克+80%伏草隆 100 克（或 25%敌草隆 150 克）。

第三种 38%莠去津悬浮剂 250~500 毫升。

对水 30~40 千克，第一种和第二种土表喷雾处理；第三种杂草幼苗初期定向喷雾处理，可兼除茶园禾本科杂草和阔叶杂草。

对夹杂在茶树中多年生藤蔓性杂草如打碗花、鸡矢藤、乌蔹莓等，应采用人工的方法连根拔除，有利于茶树的生长和茶叶质量的提高。

第二节　茶树病虫害绿色防控技术

一、农业防治技术

（一）改善茶园的生态环境

为了确保茶园生态环境的平衡性，需要做好茶园生物群落的保护工作，确保生物群落结构的合理性，使茶园内部的生态环境能够向着良性循环方向发展。需要为害虫的天敌种群制造繁殖场地和栖息场地，降低害虫总量。

（二）做好茶园修剪及清园工作

需要了解茶园内部病虫害的发生规律和生物习性，在越冬前做好茶园修剪和清理工作。清理掉茶园内残留的插根和土中的蛹茧，将其用土盖上，并且还需要做好封园工作，在封园时主要是运用波尔多液、石硫合剂等进行封园，能够在根源上减少害虫的进入，能够有效控制病虫害的繁衍和发展。通过对冬季前做好茶园修剪及清园工作进行分析可知，病害率会下降 58.5%. 除了要做好茶园修剪工作之外，还需要确保茶园内良好的通风和透光，对害虫的卵叶进行剪除，带出茶园，并进行销毁处理。

（三）合理灌溉，及时排涝

合理灌溉，及时排涝，促进茶树生长，增强抗性。

（四）加大栽培管理力度

要求做好茶树的施肥管理工作，采用采养结合的形式，需要合理进行施肥，做好病虫害的根除和管理。要结合茶树的长势情况，带走新梢上的卵，剪除病虫害的枝叶，降低害虫的基数。还需要加大施肥的力度，增加磷钾肥的施肥率，提高茶树的抗性。

二、物理防治技术

物理防治是指从生理学或生态学角度，利用光、热、颜色、温度、声波、放射线等各种物理因子防治害虫的技术。通常用于茶园病虫害的物理方法有人工捕杀或摘除、灯光诱杀、食饵诱杀、色板诱杀、异性诱杀等。

（一）人工捕杀或摘除

这种方法用于害虫发生规模不大而集中，或仍发生面积大但零星分散，难以采用其他防治方法时。主要是针对那些体形较大、行动迟缓、容易发现、易手捕捉或有群集、假死习性的害虫。鱼蝶毛虫、茶蓑蛾、茶丽纹象甲等，可以采用人工捕杀的方法；如茶尺蠖等具有假死性习性的害虫，通常运用振动茶树的方法进行，在茶树下用器具盛接，捕集后集中杀灭。对钻蛀性害虫，如茶梢蛾、茶堆砂蛀蛾等，用铁丝插入蛀孔予以刺死。

（二）色板诱杀

色板诱杀的利用是根据害虫对某种颜色光趋性的原理，诱集并杀死害虫。色板诱杀的效果与颜色、板的设置高度、板的设置数量、涂油的种类及气象条件等因素有关，不同害虫受不同类型颜色的吸引，色板的设置高度一般以高于茶蓬表面为好。色板设置的数量必须达到每亩 10 块以上，才有明显的效果。色板设置的方向以当天顺风的方向为好。大风或降大雨时，没有诱杀效果。

（三）悬挂太阳能杀虫灯

每 20 亩安装 1 盏杀虫灯，灯距离地面 1.5 米左右，安装太阳能杀虫灯 25 盏，每月检查清扫 1 次。

（四）粘虫板诱杀

在茶园行中安装黄色和蓝色粘虫板，诱虫板高出茶树树冠 30 厘米，每亩插 20 块诱虫板。每亩黄色板 10 张，蓝色板 10 张。

三、生物防治技术

（一）运用害虫天敌进行防治

在运用害虫天敌进行防治时，需要了解茶树病虫害的种类，结合受害的具体情况，采用生物防治技术。捕食螨和寄生蜂等都是茶园害虫的天敌，将其放养到茶园内，能够有效防止病虫害的数量。例如，缨小蜂可防治茶假眼小绿叶蝉，寄生蜂如赤眼蜂可防治茶小卷叶蛾。

（二）应用植物园源和生物源制剂防治病虫害

采用该种方法实现了对以菌治虫原理的充分利用，能够达到以菌治病的防控效果。主要是选用核型多角体病毒、乙基多杀菌素、韦伯虫座孢菌等控制病虫害。

（三）在茶林中养鹅和养鸡

在茶园中大量饲养鹅和鸡，对制约病虫害发挥了重要的作用。通常鹅和鸡的数量需要控制在每亩茶园 25~30 只。不能过多和过少，需要给鹅和鸡留有一定的活动空间。如果茶园的面积过大，需要做好茶园的分区管理工作，分区的面积需要集中在每 2 000~3 000平方米为一个种植区。并且还需要做好鹅和鸡的饲养工作。在茶林内设置饮水点，采取四周饲喂的形式，给鹅和鸡充足的活动空间。在晚上时也需要做好饲喂工作，需要给鹅和鸡建造居住场所，减少鹅、鸡丢失所造成的损失。

主要参考文献

陈勇兵，周月英，王诚 . 2011. 农药减量控害增效实用技术［M］. 北京：中国农业出版社 .

全国农业技术推广服务中心 . 2016. 农药减施增效农业绿色发展［M］. 北京：中国农业出版社 .